COUTURE SEWING

The Couture Skirt

More sewing secrets from a Chanel collector

Claire B. Shaeffer

服装高级定制

CHANEL高级女装制作技术解密（裙子）

（修订本）

[美] 克莱尔·B.谢弗 著

王 俊 译

東華大學出版社·上海

图书在版编目 (CIP) 数据

服装高级定制 . CHANEL 高级女装制作技术解密 . 裙子：修订本 / (美)克莱尔·B. 谢弗著；王俊译 .
— 2 版 . — 上海：东华大学出版社，2021. 1
书名原文：Couture Sewing: The Couture Skirt
ISBN 978-7-5669-1812-3

I. ①服… II. ①克… ②王… III. ① 女服—裙子—服装量裁 IV. ① TS941.717
中国版本图书馆 CIP 数据核字 (2020) 第 236168 号

责任编辑　徐建红
装帧设计　贝　塔

服装高级定制

CHANEL 高级女装制作技术解密 (裙子) (修订本)

[美] 克莱尔 · B. 谢弗　著
王　俊　译

出　　版：东华大学出版社 (上海市延安西路 1882 号，200051)
本 社 网 址：http://dhupress.dhu.edu.cn
天猫旗舰店：http://dhdx.tmall.com
营 销 中 心：021-62193056　62373056　62379558
印　　刷：上海盛通时代印刷有限公司
开　　本：889mm × 1194mm　1/16
印　　张：8.5
字　　数：300 千字
版　　次：2021 年 1 月第 2 版
印　　次：2021 年 1 月第 1 次印刷
书　　号：ISBN 978-7-5669-1812-3
定　　价：79.90 元

前言

每当我凝视CHANEL[1]裙子的时候，脑海中总会浮现出可可·香奈儿匆匆穿梭于巴黎街头的情景。裙子有各种不同的款式，其中最流行的莫过于裹身裙。无论哪种款式的裙子，都应穿着舒适，便于运动。自从开始收集CHANEL裙后，便越发钦佩其精湛的制作工艺。个人收藏了超过75款CHANEL裙，其中包括CHANEL品牌的原品与复制品，对这些服装的设计与构造进行了深入的分析与研究。藏品包括三类：一类是1954年至1971年期间，即香奈儿回归时期的作品；第二类是1971年至1983年期间，即过渡时期的作品；第三类是1983年至今，由拉格菲尔德担任设计师时期的作品。

这么多年来阅览了无数的时尚杂志，如《时尚》《时尚芭莎》等，依然清晰准确地记得1960年《世界时装之苑》中一张CHANEL时装的照片，就是这张照片使我开始着迷于CHANEL时装，从此一发不可收。《世界时装之苑》1957年封面上的CHANEL套装是我买的首套CHANEL套装。对于那些CHANEL的新顾客，可以在CHANEL商标下找到一个标签，在上面有一些编码。根据编码可以了解到的信息包括：服装的购买日期，制作服装总共投入的时间，还有其所使用的针线以及制作工场。因此多年以后，我们仍能准确地查出早期的编码，如1957年的05600，以及2003年的81500系列作品的相关信息。虽然无法准确了解那些经典款式与博物馆馆藏作品的所有信息，但是其中的神秘感却总能点燃我无限的想象力。本书中的所有定制工艺技术都来自我几十年研究、实践与教学的积累。也希望通过本书与读者分享其中的愉悦与成就感。

克莱尔·B.谢弗

1. 本书翻译时，涉及香奈儿品牌或公司名称时，采用英文CHANEL。—— 译者注

该款为1967年款的裹身裙，用马海毛与羊毛混纺隐格面料制作。其前身搭片以真丝面料作为里布，产生奢华与独特的效果。该裙适合与西服上装搭配穿着

目录

第一章

开始制作

若想在设计中将粗纺面料与饰边等细节结合应用，可以从CHANEL的经典款式中汲取灵感。这款裙子是1965年的设计，裙子用布边料制作饰边，并用雪尼尔绒线作绣花边，其钮扣纹样是手绘的

设计与材料

缝制服装前应制定制作计划，对大多数人而言，制定计划与服装缝制两者同样有趣。只有真正喜爱面料、追求美感与讲究工艺的制作者才能制作出优质的作品。考虑如何绗缝面料、制作饰边与如何创作一款能与衣柜中现有的上装相搭配的裙子同样重要。这款裙子也可能是件单品，应考虑如何制作与如何用饰边装饰。无论是打算采用购买来的奢华饰边，还是想用面料的布边料，或是使用任何能想到的材料如风钩，都可以做出品位与众不同、款式充满个性的裙子。现在就开始吧！

CHANEL裙的长短适中。裙长理想的裙子穿着舒适、运动自如。

面料

制作高级定制裙子时，制作者可以选用任何中意的面料。面料充满变化，即使是那些柔软且易变形的面料，经过合理的定型处理，如加衬、绗缝后，同样可以达到理想的效果。真丝是种理想的里布材料。各种真丝料，如真丝双绉、真丝厚薄软绸、真丝软缎等布料都易与尼龙、涤纶、黏胶等化纤材料搭配。

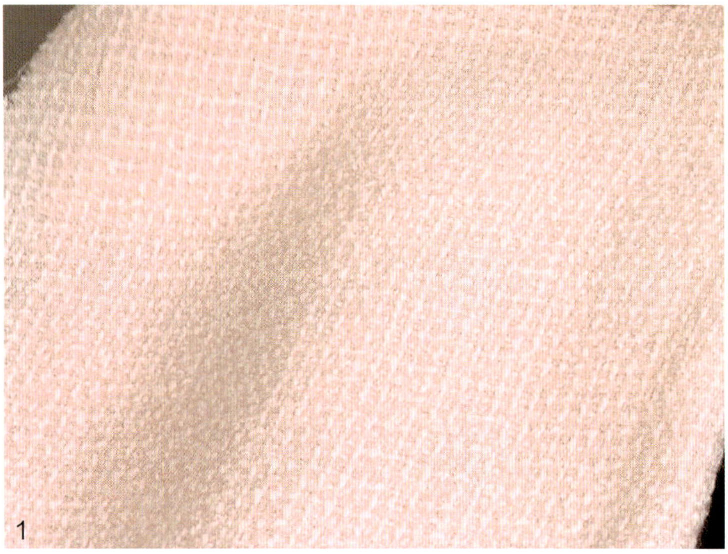

1. 这是本书案例制作裙子所用的面料，其丝缕方向清晰易见。这种面料适用于板型简单的款式，并加以绗缝处理。绗缝线之间的宽窄距离可以根据个人不同的喜好加以调整。

2. 左图中面料为细棉布，通过绗缝可以改变其轻薄的特点。按图示车缝金线。这样的缝线距离对于薄料而言略宽，但这样的绗缝线距可以保持垂感。

3. 观察一下这块漂亮的格子面料，这块面料适合制作上装，或制作与上装搭配的裙子。这块面料适宜绗缝，绗缝线可以是水平线或是格子形。绗缝线可以沿着面料的格子图案或彩色条纹线车缝。

3

4. 这块羊毛面料上带有图案设计。绗缝线可以根据图案的廓型车缝或手缝。CHANEL裙较少采用手工绗缝，但有时手工绗缝也不失为一种理想选择。

4

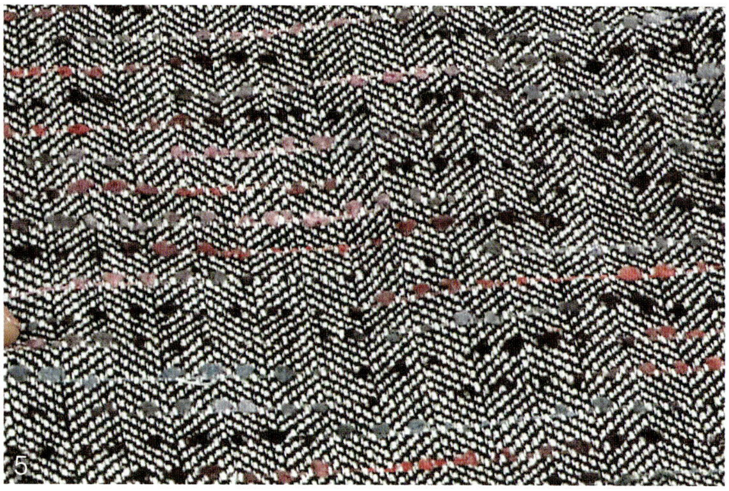

5. 初看这块面料，会认为比较适合采用水平绗缝。仔细观察后发现这是块人字呢面料，可以根据人字纹形状，车缝绗缝线。

6. 这块面料按花型既可以按水平方向绗缝，也可以按竖直方向绗缝。选择哪种方向绗缝应该根据设计要求决定。

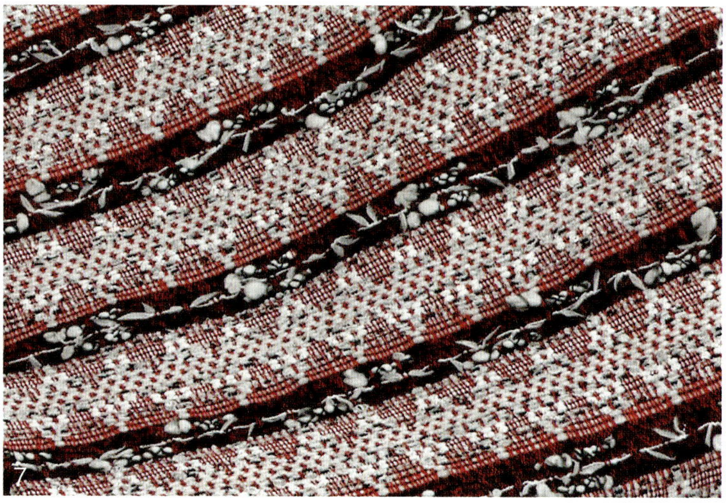

7. 显然，这款面料适合按水平方向绗缝。裙片只需要在侧缝与后中部位对条。

里布与饰边

里布适宜用薄型真丝制作（本书案例的里布使用的是真丝软缎）。薄型的真丝绉绸或平纹的真丝面料也可以作为里布使用。目前有许多优质的黏胶布料也是不错的里布材料。

通常应根据裙子的整体效果决定是否需要制作饰边。例如：当裙子需要与不同的上装搭配，并且每件上装的饰边各有不同时，裙子就不需要制作饰边。而很多裙子以饰边作为特色，因此可以在制作时充分发挥自己的创意，制作各式不同的饰边，如夸张明显的或是细腻精致的。

1. 如果需要与此类上装搭配，可以制作一条没有饰边的裙子。有两件上装各自带有不同式样的饰边，这是其中一件。该饰边中间藏有一条织带，支撑服装的边缘结构。

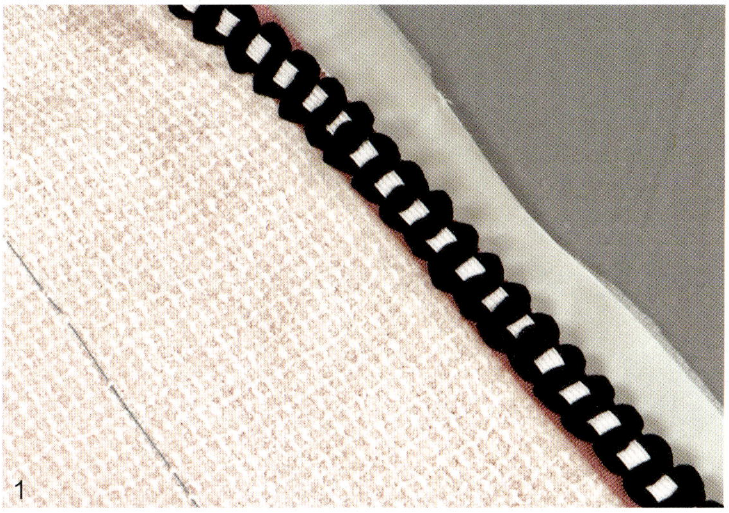

1

2. 另一款相同面料的粉色上装，其饰边为布边与粗绳花边。粗绳花边下的布边散开后正反面都可以看见。将布边与辫带叠起后，沿布边毛边外侧车缝。然后将粗绳花边置于其上方，确定布边内侧的定位。拿开粗绳花边，将布边料置于边缘内侧。除了应用布边，还可以购买现成的嵌线条，或用里布制作的嵌线条代替布边料。

2

3. 图中褐色与奶白色间隔的是面料的毛边，可以按嵌线条的制作方法将其车缝在收口边缘下方。采用手工缝制后，再加里布收口。

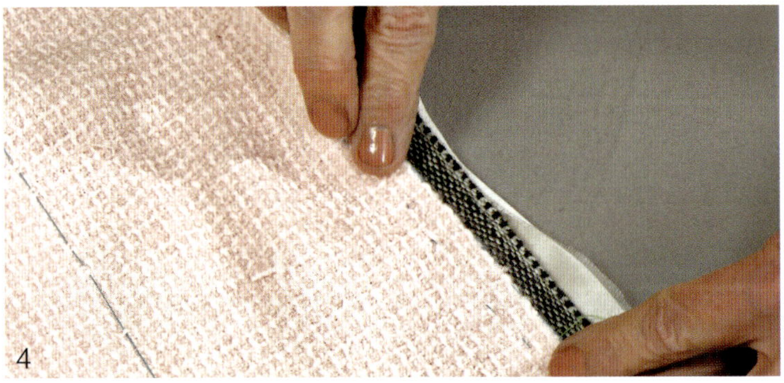

4. 用素色布边制作嵌线条，使裙子更显做工细腻精致。

5. 图中的布边有毛边，其中交织金丝。

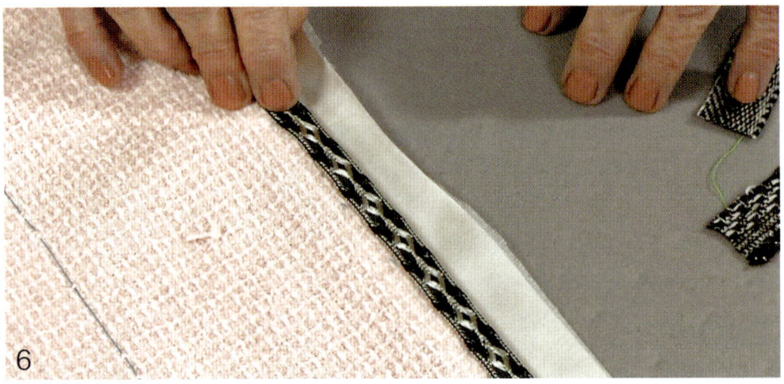

6. 若在面料表面车缝饰边，可先手工缝制后再缝里布收口。这样一旦饰边被弄脏，或想改变设计时，可将其方便地拆下。

7. 图中这条饰边是条面料斜料，在其上方用织带或缎带等材料收口。

提示：饰边应尽量选择那些轻薄柔软的材料，更建议自己动手制作出具有原创特色的饰边。

7

高级定制裙子系列

这是一款绿松石色与黑色交织的格子裙。其特点是前身分割部位加入了黑色衬底，腰部镶入黑色腰身。该款直身裙的接缝位于侧缝与后中部位。拉链绱缝于臀围左侧。其面料每隔8.5cm左右车缝一道绗缝线。

第二章

裙子制板

该款裙子采用粉
色粗花呢面料，
款式简洁。适合
与粉色上装搭配

理想的板型

这款粉色裙子的特点是其简洁明快的设计。该款直身裙前身有重叠部分，穿着后行走方便、运动舒适。制板前，必须事先制作坯布样，这点尤为重要！为了获得理想的板型，可能需要经过多次反复试样与调整。当板型合体后，裙子下摆应保持水平，侧缝应与地面垂直。在制作出理想的样板基础上，本书将指导读者如何车缝，并在前身形成重叠量。

香奈儿的信条是：虽然鲜有作品能达到完美，但制作过程决不可随意草率。

样板制作

首先调整好样板板型。通过制作坯布样，调整好板型后，可以用绒线在裙子前身标出包裹片的位置。然后将该分割线位置拓至纸样。以该样板为基础，根据实际情况对样板加以调整后构成包裹裙样板。

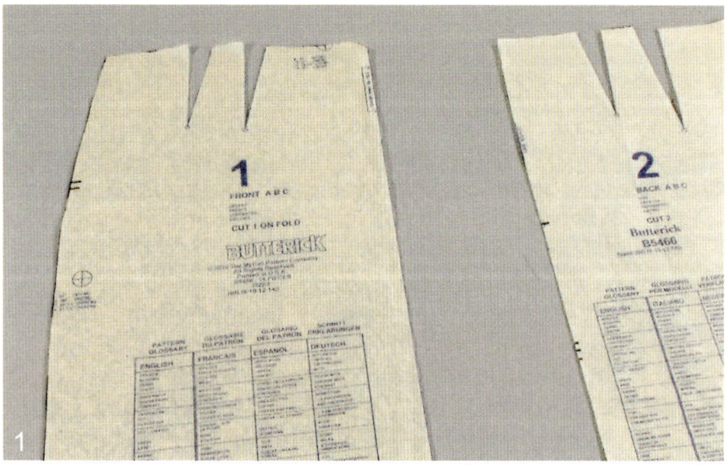

1. 先将接缝、下摆与省道部位的缝份量去除。标出所有接缝部位的刀眼。确保裙身不会张开。再在臀围线以下，测量侧缝与中线之间的距离。

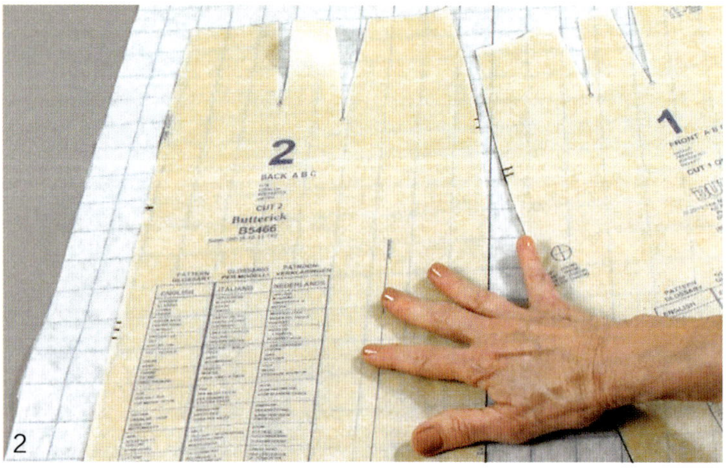

2. 用网格布制作新样板。绘制一条竖直线代表侧缝。将样板裁片置于网格布顶端，使其侧缝对齐竖线。在中线部位空出一定距离供加入包裹片之用。

3. 对齐前后片侧缝后，使侧缝分割转变为位于侧缝部位的省道。

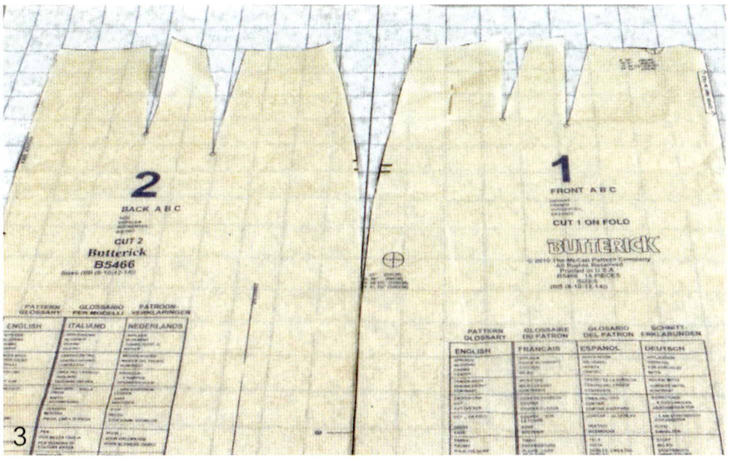

4. 用珠针别合裁剪样板与网格布之后，将样板所有接缝线拓至网格布，标出前中线与下摆线。

提示：用2B铅笔拓描样板的效果比用HB、2H等硬铅笔的效果好。笔尖不宜太尖，以免勾住或移动布料。

5. 如图所示，用坯布与粗绒线确定包裹片宽度。可根据个人喜好调整包裹片与侧缝间的距离。

6. 根据设计，在样板布上画出与前中线平行的包裹片边缘。将下摆线延长至包裹片分割线位置。

7. 标出包裹片的腰线，将基础样板面朝下置于样板布上包裹片的位置，对齐前中线后，拓出腰线形状。

用料量计算

测量所有新样板的宽度，加入5cm宽的缝份。两侧缝份，每个缝份宽度为2.5cm。通常粗花呢面料的幅宽为120~140cm。及膝长的裙子，裙长不宜超过60cm。根据臀围大小与重叠量多少，小号裙子的用料量约为1m，大号裙子的用料约为1.75m。里布的幅宽为110~120cm，所有裙里布的用料为裙长的一倍。通过准确测量样板可以计算出用料量。

高级定制作品系列

该款裙子与上衣看起来搭配十分协调。先单独完成裙子部分的制作后，再将裙子与上衣缝合。裙子车缝暗褶后，下摆部位产生波浪。在裙子后中部位加入全棉府绸作为里布，前中处用布边制作精致的饰边。

裙子里布延伸至裙腰身部位。

拆除腰身部位的缝线后，可以看到罗缎织带。

第三章

排料

制作9cm宽的腰身，实际使用了两倍宽的面料。通过车缝，将红白间隔的条纹面料改为整块素色红面料。该款裙子是合理应用横条面料构成别致款式的成功案例

标记面料

裁剪与缝合面料前，应仔细研究面料的特点，如：面料正反面是否难以区分？面料是否有倒顺毛差异，这种差异是否会影响服装外观？面料是否需要对条对格？下一步是做标记。车缝裙子前应清晰标记所有细节，包括省道位置、绗缝线位置的安排等。在整个制作过程中，这些标记所发挥的定位与参照作用相当重要。必须确保排料与标记的准确性。

作为时尚先锋，香奈儿最早抛弃了紧身胸衣与拖尾长裙。

样板排料方法

根据样板，裁剪一块比样板稍宽稍长约数厘米的长方形面料。在排料时单独处理每个部件，确认面料的正反面与面料的绒毛倒顺方向，保持所有裙片上下方向一致。

1. 将面料正面朝上平摊。在其右上角部位手缝十字交叉线，用于区分裙子面料的上下方向和正反面。

2. 用粗缝线将样板轮廓拓至面料。棉纱线易拉断，粗缝后便于拆除，拆线时不会影响正常车缝线。

3. 将样板置于距离毛边2.5cm位置处，用珠针将前中线别出。

4. 用珠针将样板固定到位，珠针走向应与丝缕线平行。

标记样板

在面料上应准确标出样板边缘，以确保制作准确，从而实现之前坯布的试样效果。

1. 沿样板用纱线标出边缘，转角部位必须标注准确。将针插入转角后，再向前1.5cm缝一针。然后转向，再距离1.5cm缝一针（如图所示）。下一道相邻缝线起针时，应将针准确插入转角。

2. 除了接缝线外，还需要标出省道、刀眼、拉链位置与下摆等部位。标出左前片腹部的长方形重叠部位。

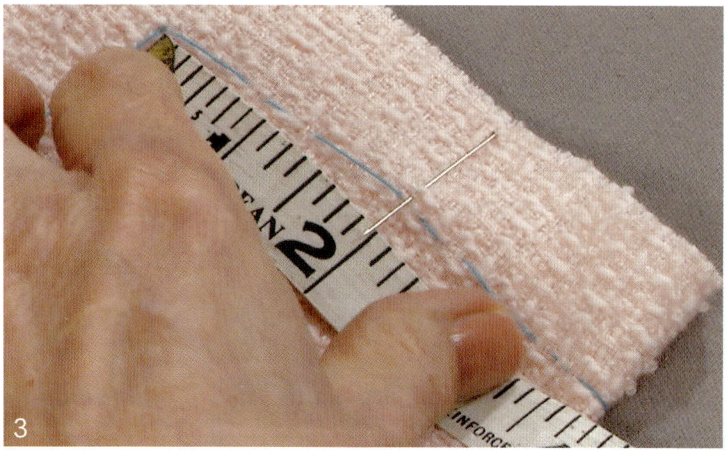

3. 在下摆线上方5cm处粗缝一道，标出绗缝底部。

标记绗缝线

标注绗缝线时，面料上已经标出许多标记线。为了避免混淆，可以用不同的针距与色线区分绗缝线，以便于车缝时辨认绗缝线标记。

1. 先从前中与后中部位开始确定绗缝线的位置。用珠针在侧缝处标出绗缝位置。最后将余下部位补上。

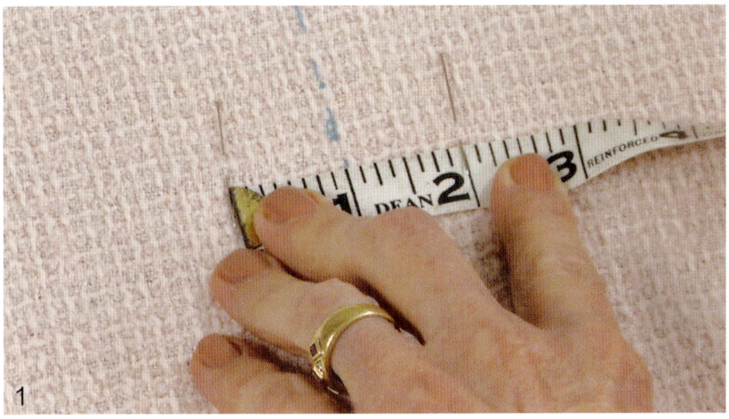

2. 需要连续标注绗缝线时，可以使用卡纸当作量具，用卡纸比用直尺更方便。

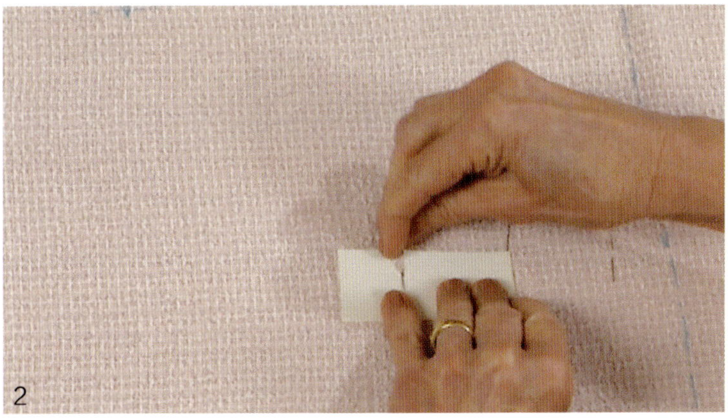

3. 为了区分绗缝线标记与其他标记，可以用不同的针距与纱线。本案例使用了改变针距标记的方法。

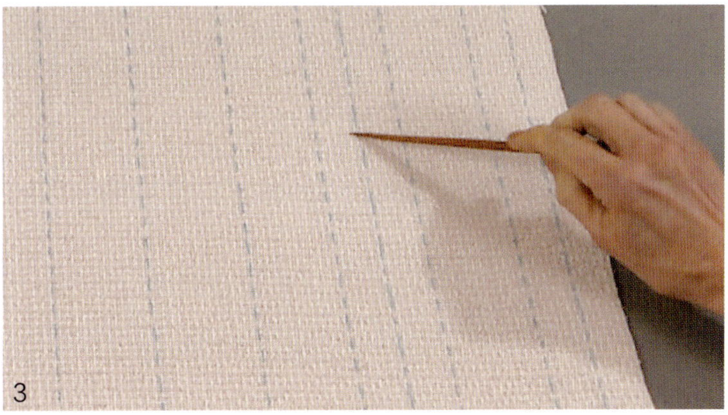

标记里布

为了产生更好地展示效果，本书案例中裙子里布采用真丝软缎，而非纤薄的布料。在里布反面用细铅笔做标记，这些标记在服装完成后不会外露。

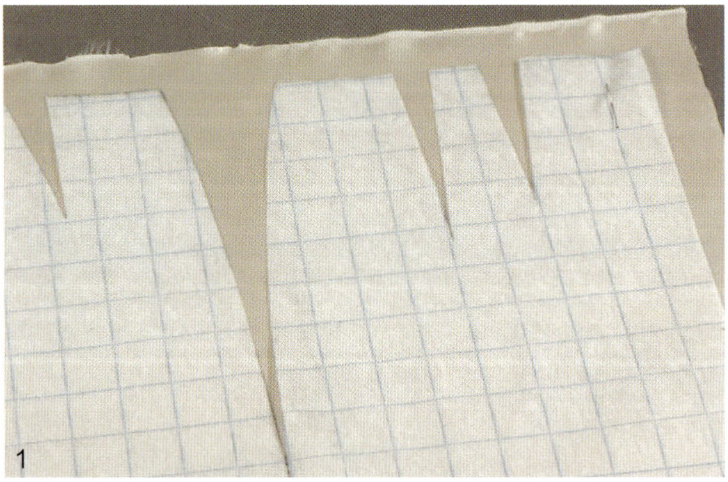

1

1. 裁剪两片与裙片大小一致的长方形真丝布料。

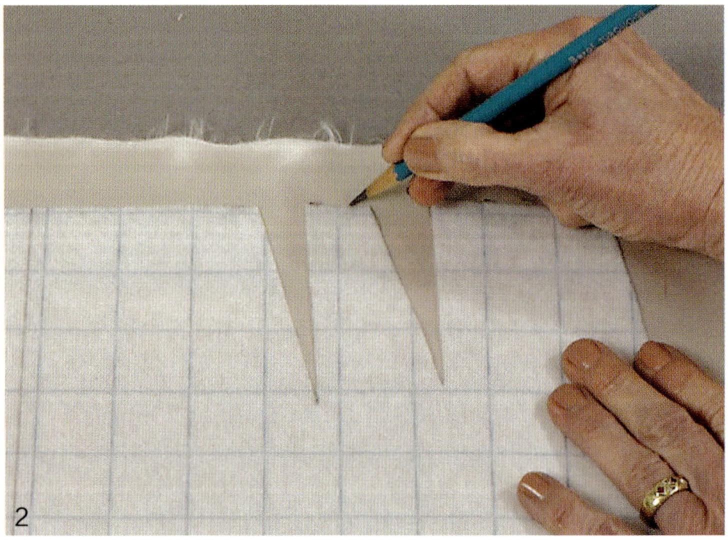

2

2. 只需要在布料反面，用削尖的铅笔在腰线部位做标记，这样缝制时，标记线会被遮盖住。

高级定制作品系列

排料与裁剪时，应考虑面料表面毛绒的倒顺方向。若用手掌来回抚摸面料表面，可以感觉到面料表面倒顺毛的差异。顺毛方向手感顺滑，倒毛方向手感有些毛糙。排料时，所有裁片可统一按顺毛方向排料。该款面料为羊毛与马海毛混纺，正面形成隐格，其表面有明显的倒顺毛特点。

第四章

造型工艺

该款白色与藏青色格子裙的腰部造型清晰。腰部藏青格子逐渐变窄，白底逐渐变小。收缩余量是该裙的腰身造型工艺，还可以用省道与抽缩工艺结合的方式制作造型

抽缩与造型工艺

取格子面料，将其围成裙子形状，这样可以大体确定侧缝弧度、省道、褶裥、抽缩量与造型。制作高级定制裙子时，通过蒸汽熨烫可以塑造裙身造型，根据制作目标做出一款优雅的裙子。下面介绍如何制作一片式裙子。

CHANEL裙子的魅力在于其低调而优雅的风格。

制作工具

无论是初学者，还是资深技师，理想的工具对于制作的成败不容忽视。挑选适用的制作工具，应用于各种不同服装的制作非常重要。

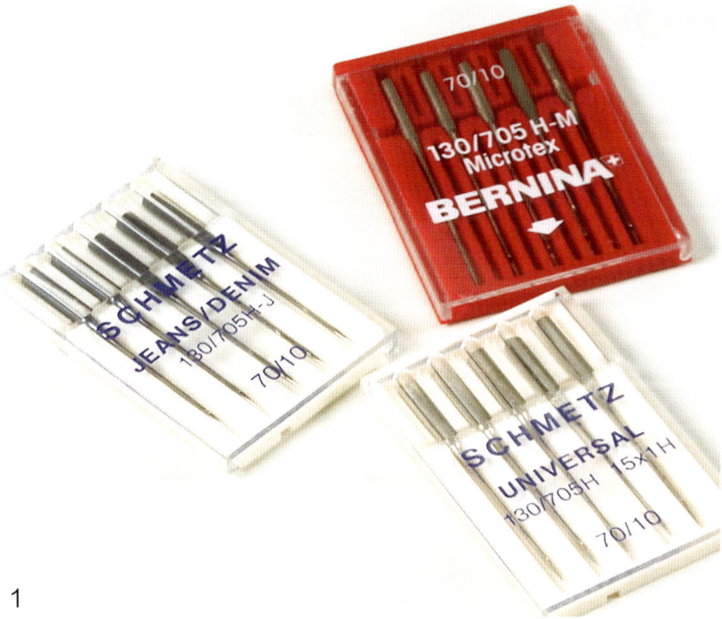

1

1. 牛仔布应使用锋利的机针。通用机针虽然不算是最锋利的机针，但其适用于大部分面料的缝制。

2

2. 选用合适的压脚有助于缝制厚料。车缝衍缝线可选用直压脚或1cm宽压脚。

3. 底线应坚韧不易断裂，通常为涤纶线或丝线。

提示：实际操作中，不同的设备应根据说明书要求，调节底线与面线张力。

3

4. 将针距设置为8针/3cm。厚料应增加针距，并稍降低缝线张力。

4

5. 有些梭壳有尾柄，将缝线穿过尾柄顶部的小孔可增加底线张力。

提示：实际操作中，不同的设备应根据说明书要求，调节底线与面线张力。

5

抽缩余量

通过抽缩余量结合熨烫，可以造型，使裙子合体。抽缩余量是通过抽缩来压缩面料，使其形状变小。

1. 在距离后中1.5cm处起针，面料正面朝上，靠着纱线标记车缝位置。

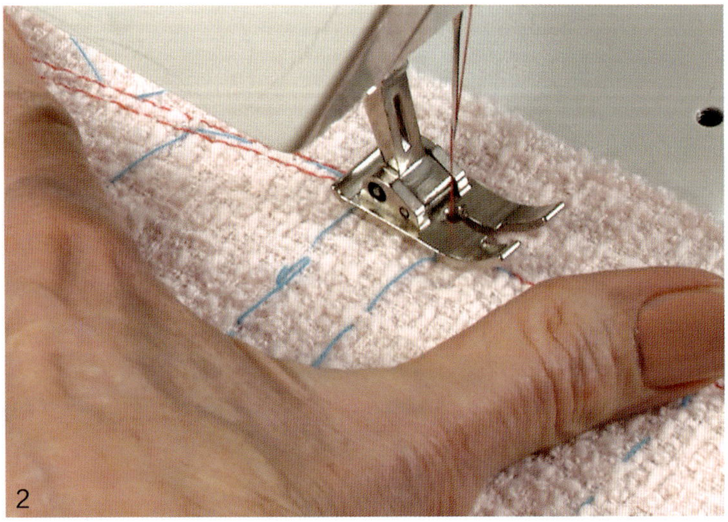

2. 在缝份内侧，靠近之前的车缝线车缝第二道缝线，两道缝线间距0.5cm。

3. 从面料反面抽紧底线。

4. 腰围大小可以用固定长度的织带准确标记，这比使用卷尺效果更好。用铅笔标出后中位置与省道中心位置。织带是件很有用的工具，在整个制作过程中应常备织带。

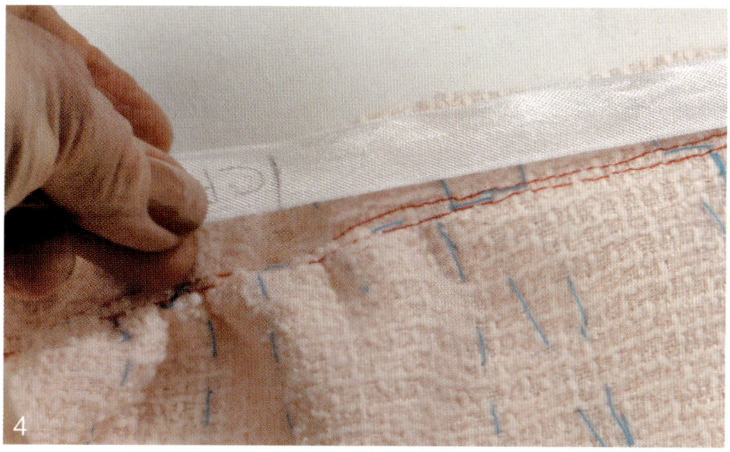

5. 为了更好地控制好抽缩量，可将缝线固定于抽缩起始点。如图5所示，将缝线以8字形绕珠针数圈。即使拉紧底线，缝线仍能固定于该部位。

提示：钉珠针时，可稍微捏起一些面料。

6

6. 在需要增加余量的部位抽紧缝线，其他部位不需要抽缩太多量。该款裙子侧省部位需要增加的余量最多。然后将其置于烫枕上熨烫，不可将所有面料烫平。如左图所示，手持熨斗置于面料上方，用手指按压抽缩的余量。

提示：实际操作中，正面熨烫时必须使用烫布。

7

7. 以同样方式抽缩里布余量。丝绸经处理后无法取得与毛呢相同的效果。柔软的真丝面料抽缩后，在增加余量的同时还会变厚。也可将余量折叠成省道后车缝平整。

制作省道

省道是消除面料表面局部浮余量，形成造型的有效方法。若发现局部出现大量的面料浮余量，可以车缝一短小的省道消除余量。

1. 若采用抽缩的方法无法完全消除余量，可以制作短小的省道。右图中红线所示的省道宽度应小于样板中的省道量。该省道可以减少局部面料的抽缩量。

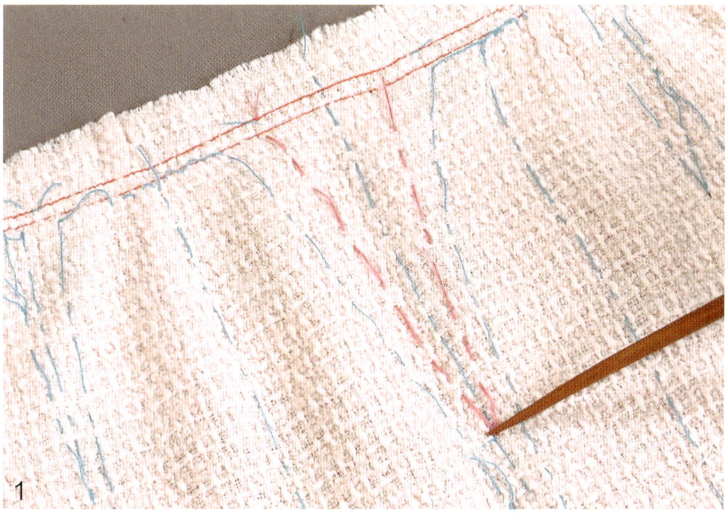

1

2. 从腰线上方起针，车缝粗缝线固定住省道。将线头打结后，拆除粗缝线。

2

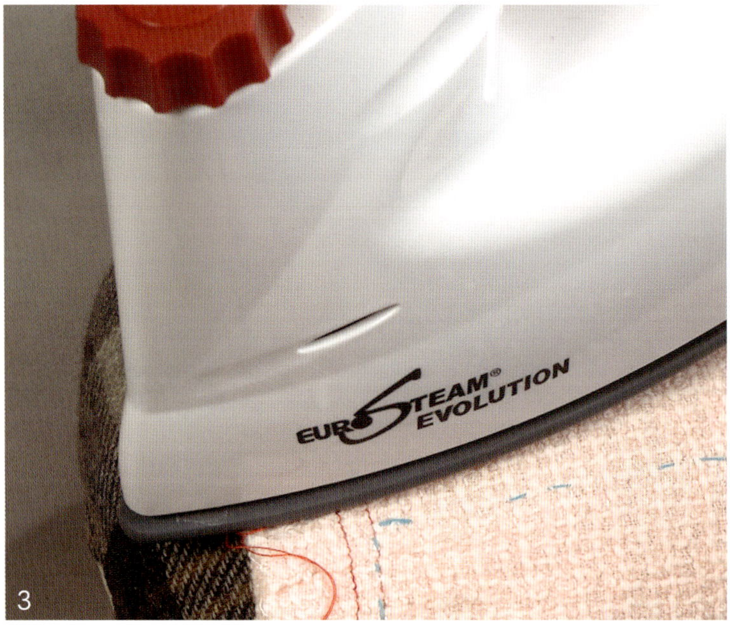

3. 将省道熨平，将其中间剖开后分烫。

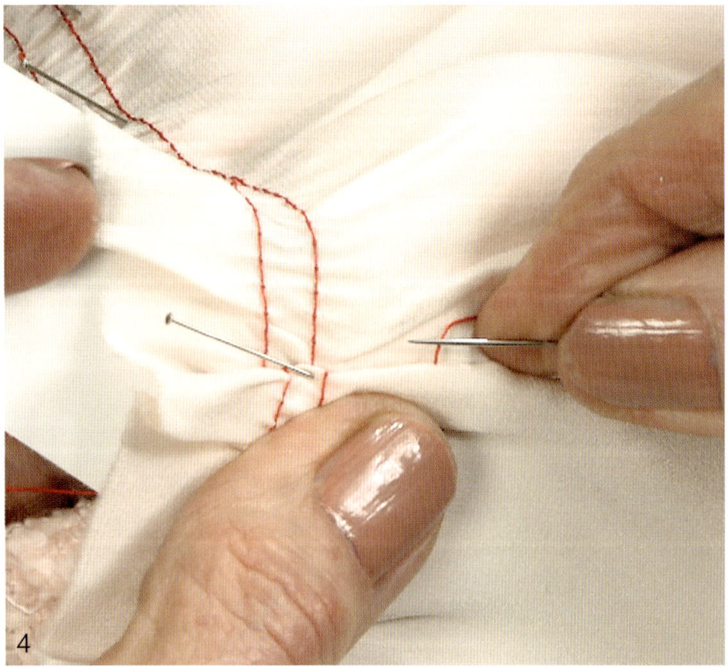

4.若想将面料省道与里布缝合在一起，可将面料与里布反面相对，在腰线部位用珠针别合。如左图所示，在真丝里布上找出省道用珠针别住后，以明缲针缝合。

提示：剪块卡纸，将其垫在里布与面料之间，避免缝制里布时，不小心缝住面料。

高级定制作品系列

这款1963年经典裙子的规格为：腰围60cm，臀围98cm。在其腰部用省道与抽缩方式构成裙身造型。将裙子置于人台上，其臀围部位的余量清晰可见。整个裙身表面光洁，面料未作任何绗缝处理。开口在臀部左侧，装有拉链。相比其他常见的粗纺厚料裙子，这是一款细腻漂亮的CHANEL真丝裙子。

第五章

裙子的绗缝处理

这款裙子正面竖直方向的绗缝线不易为人察觉。绗缝线嵌入进了素色格子提花面料中。原版CHANEL裙绗缝的特点就是这样毫不张扬

绗缝与定型处理

CHANEL裙最突出的特点是将面料与里布绗缝在一起。经这种方法处理后，裙子穿起来感觉舒适温暖。由于粗花呢面料结构松散且易变形，未作定型处理的面料不宜绗缝。一定间隔的竖直方向绗缝线将两层布料结合成一体。绗缝线有时也可以按水平方向车缝。缝制前应计划好制作方案，充分考虑裙子的耐用性与外观。

CHANEL的设计思想是：优雅源于简洁。

绗缝的部位与方法

纤缝处理应在造型工艺完成前进行。在整条裙子缝合前，将面料与里布绗缝在一起。通常，绗缝可用车缝的方法制作。如果发现车缝会破坏面料本身的外观与美感，则可用手工绗缝代替车缝。

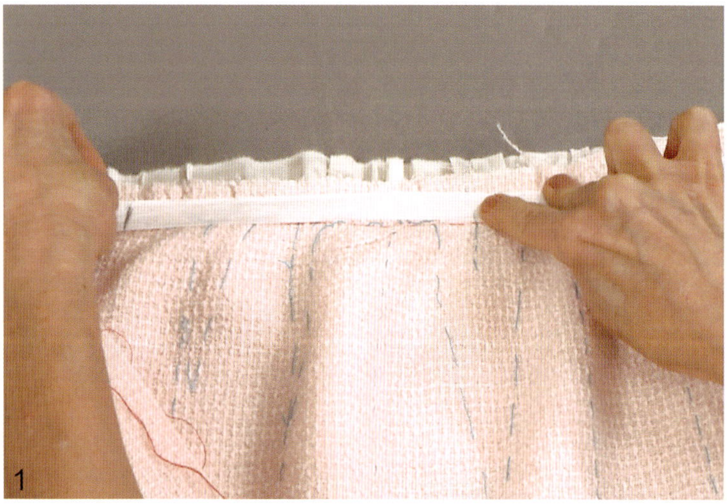

1

1. 将面料与里布叠起，对齐后中线、侧省中心与前中线后，以珠针固定。然后用做好标记的织带测量腰围大小，并根据需要进行调整。

提示：将面料平铺在桌面上，缝制时手臂可放在桌子边缘。切记不可弄皱面料。

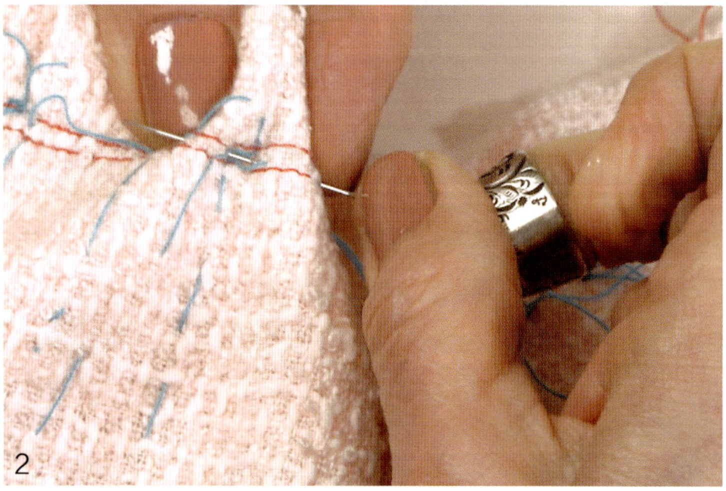

2

2. 用平针以大针距沿腰线粗缝。

3. 将面料与里布，沿绗缝线标记以珠针别合。

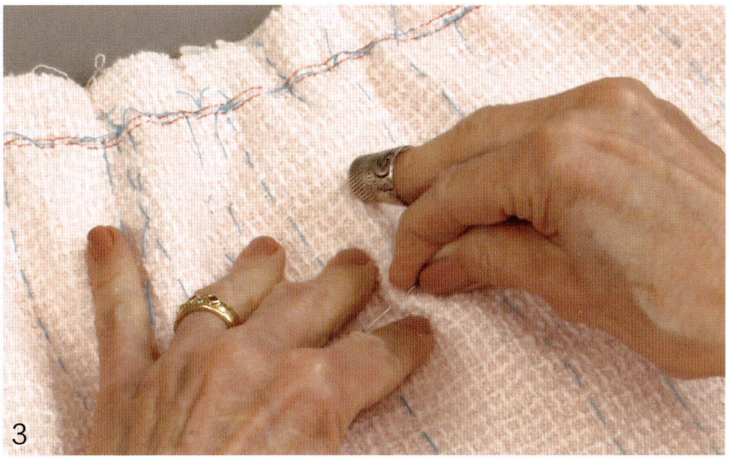

4. 在面料正面，按斜向以小针距粗缝绗缝线。

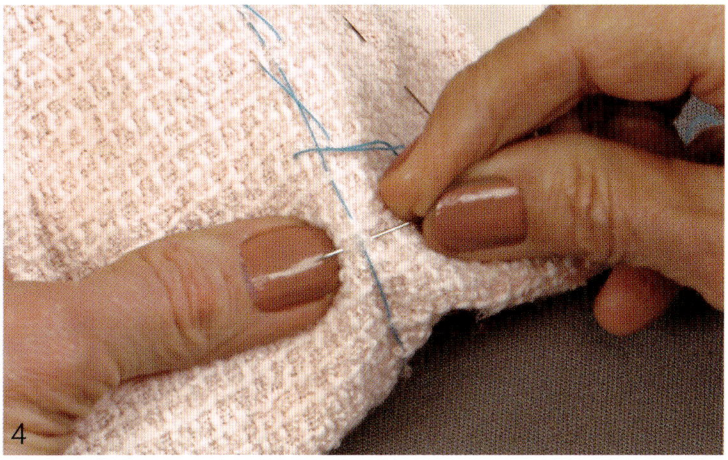

5. 将缝纫机针距设为5针/2cm。先由中线部位开始，自腰围接缝处车缝绗缝线，直至距离底边5cm处的粗缝线位置。将裙子向上卷起，置于缝纫机操作臂下。

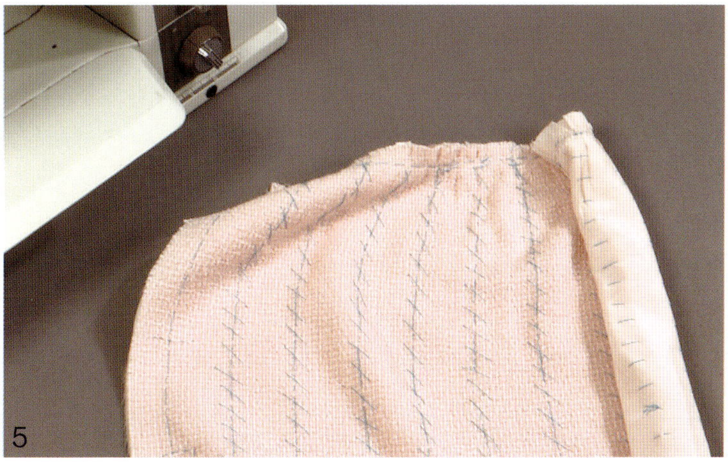

提示：绗缝线可以是棉线，可以是锁扣眼用的丝线，也可以将两种线结合起来使用。

6. 如左图所示，首先从中线朝右逐步车缝出绗缝线。然后从中线朝左车缝出绗缝线。

7. 将所有绗缝线线头用长眼针或钩针穿入两层面料之间的夹层中。如缝线松弛，可以将其抽紧拉挺后将线头打结。拆除粗缝线后测量裙片宽度，观察宽度是否受到绗缝影响。如有需要，可以在前片边缘定型前，稍稍熨烫裙片。

定型处理

定型处理对于服装的外观与功能至关重要。有各种方法强化边缘，定型面料，提高扣合部位的强度与服装的耐用性。虽然裙子前身包裹片为薄料，但经定型处理后可以产生自然下垂的效果。对裙子前片边缘的定型可采用固定牵带，如真丝欧根纱或里布的布边，还可使用织带或者是真丝布条。牵带浸湿并熨烫后可避免拉伸变形。

1. 根据前片重叠部位长度裁剪牵带。测量样板上腰围至下摆的长度，并在牵带上用铅笔标记出该长度。用珠针将牵带别合至腰围与下摆。对于重叠部位的下层，用牵带标出该部位的长方形边框。该部位面料常会出现拉伸变形。有些面料因为其结构与纱线的特点，变形的情况会更严重。

2. 将重叠部位的边缘收口，将面料归拢后缝至牵带。先用珠针固定其中心位置，再将其分为几段后，用珠针逐段别住。用平针大针距将牵带粗缝到位。

提示：在用珠针固定单层面料时，可将直尺置于面料下方，避免珠针钉住下层面料。

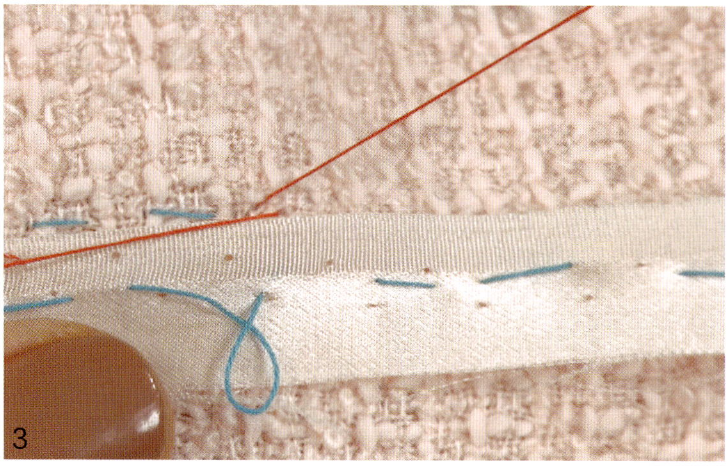

3. 如左图中红色缝线所示，用三角针将牵带与接缝缝牢。将缝份宽度修剪至1.5cm后折至面料反面，再用粗缝固定。

提示：若边缘部位已修剪，应在缝制里布前完成面料缝制。

4. 前身重叠部位下层边缘收口：将缝份宽度修剪至1.5cm宽后折向面料反面，并用粗缝固定。粗缝线位于下摆线上5cm处，这样可以为下一步下摆收口预留出空间。在长方形部位收针。熨烫左右两侧边缘，用三角针将缝份缝住。

提示：缝制三角针的方向与其他手工缝制的方向相反，是从左向右缝制。若为左撇子，则应从右向左缝制。

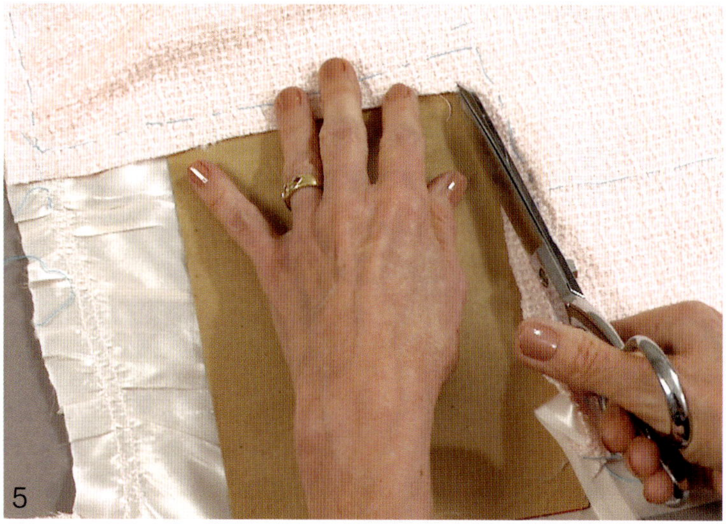

5. 重叠部位边缘收口：如左图所示，先将长方形部位的面料剪去，以减少腹部面料厚度。下一步，沿着粗缝线将面料修剪至1.2cm。不需要修剪里布。在长方形底部剪断牵带。

6. 将重叠部位上下两片边缘部位的里布折光，折叠量约为0.25cm，用珠针固定后，粗缝到位，再用缲针缝牢。由距离下摆线5cm处起针，留出处理下摆的空间。

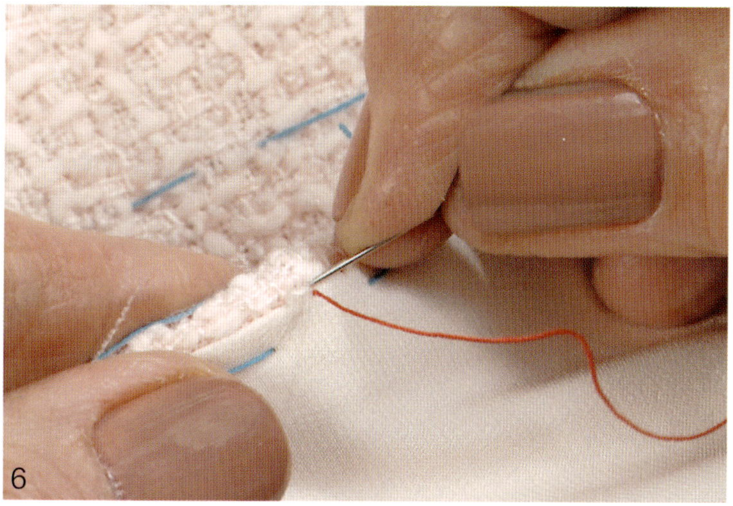

高级定制作品系列

这款红色与金色交织格子裙子制作于20世纪60年代。其腰部用里布与面料车缝在一起，形成裙腰。裙子沿金色条纹与红色格子绗缝，但仅在前中与后中部位能看出绗缝线迹。

第六章

部件缝合

该款直身裙前身包裹片里布为紫红色，并延伸至腰部。整条裙子仅有后中一道接缝。腰省变为抽缩量缝入腰身

裙子缝合

简洁是CHANEL裙最显著的风格。该款裙子的设计灵感来源于作者所收藏的CHANEL裙。其特点是仅在后中部位有一道接缝与拉链开口。前身部位的包裹片使裙子穿着后可以活动自如。通常用粗花呢制作的裙子会给人以厚重笨拙的印象，但该设计巧妙地减少了腰部以下的缝份厚度。随着行走，裙子会摆动并呈现出多变的形态。简洁的风格并不意味着草率的制作。手工缝制很费时，通过不断练习，技能提高，制作效率会越来越高。只要付出努力就会有回报。

CHANEL的设计理念是：符合现代生活方式的时尚应将新颖与舒适融合，同时又不失奢华。

后中接缝收口

缝合裙子时，裙子左右侧已作绗缝处理，前片边缘已经车缝好牵带。该款裙子仅在后中接缝部位有条竖直方向的接缝。前身的右前片重叠在左前片上方，以手缝固定到位。至此应拆除除了下摆线部位之外的所有粗缝线，包括前中、后中、腰围、侧缝上省道中心部位。拉链应绱缝在后中缝。

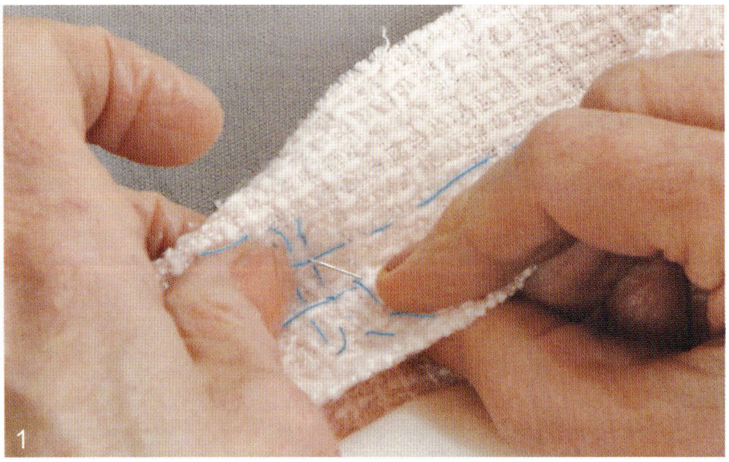

1. 将后中接缝线用珠针别合，应对齐拉链底部缝份上的刀眼与下摆底边。

提示：粗花呢与人字呢的特点是面料有厚度，结构松散，易出现变形。如果能按步骤将接缝粗缝固定后，再与接缝缝合，则以上问题将迎刃而解。

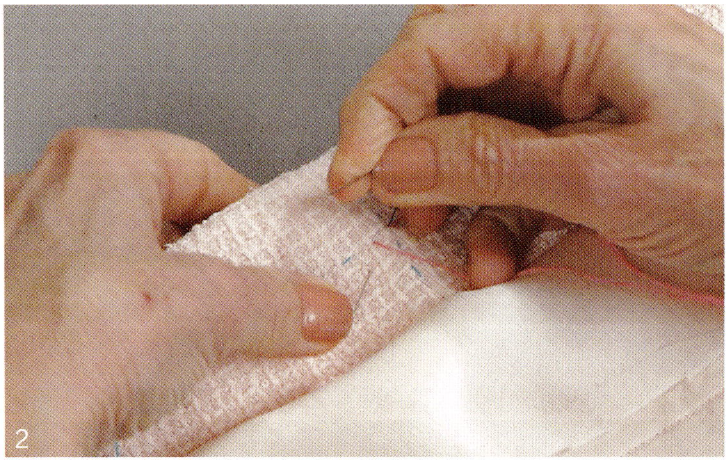

2. 粗缝由拉链开口底部起针，这个部位最难缝制，可以用较长的缝针。

提示：书中案例使用粉红色丝线粗缝，以加强展示效果，另外，也方便拆除粗缝线。

3. 接缝粗缝缝合后，拆除原来的蓝色标记线。因为一旦车缝缝份后，粗缝线将很难拆除干净。

3

4. 将针距设置为0.25cm（12针/3cm），使用常规压脚车缝。从拉链开口底部起针，该部位制作难度最大。接缝起始端不需要车缝回针加固，以免僵硬；而且若需要拆除接缝，还会出现破洞。可以将线用打结的方法加固。

提示：粗缝时不必介意将哪层置于上方。

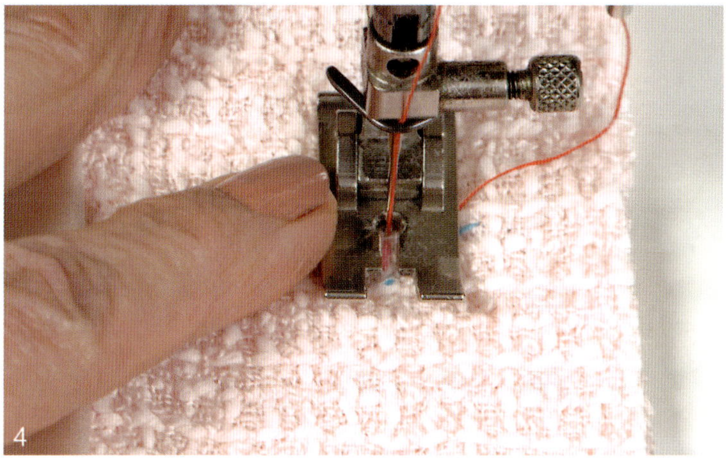
4

5. 检查拉链开口部位缝份的起始端，若发现有车缝超出，可将超出部分线迹拆除。若发现车缝不到位，可用粗眼绣花针补缝几针。

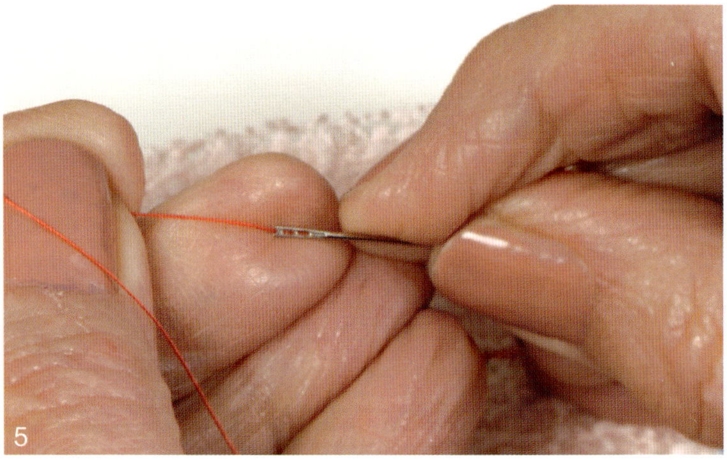

5

6. 将缝线穿过面料另外一侧后打结。修剪线头并拆除粗缝线。

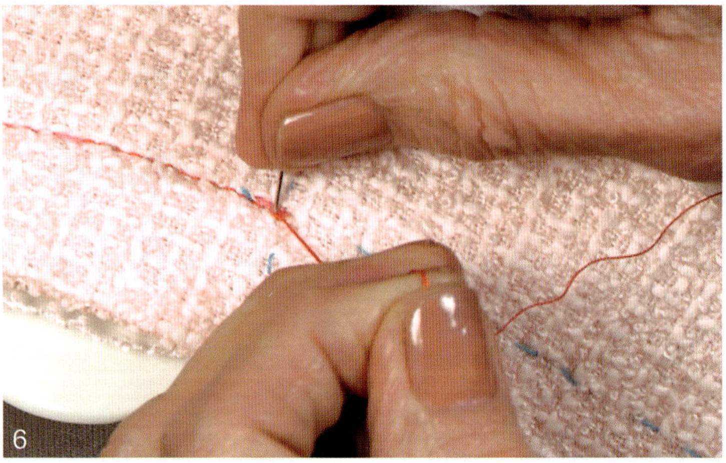

6

提示：对于直线接缝，可车缝粗缝线，以便于拆线。车缝应准确。

如何打线结

可用该方法打细小的线结。

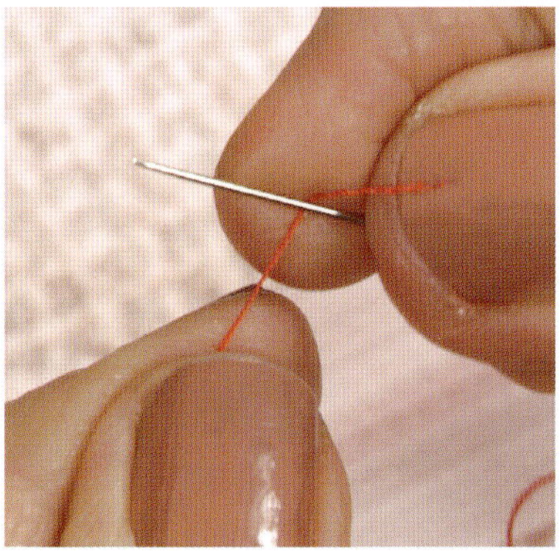

1. 先将缝针穿线。用右手食指将缝线一端按在缝针上，用左手将缝线绕于针上。

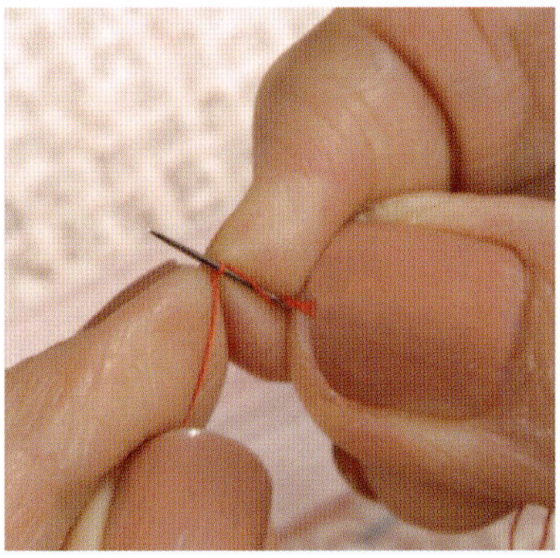

2. 将缝线在针上饶2~3圈。

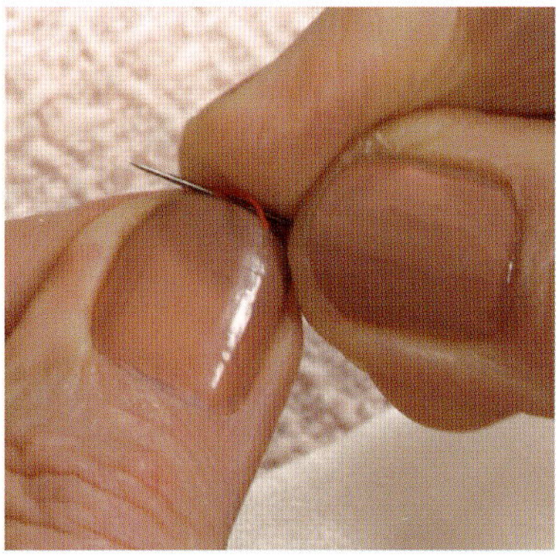

3. 用左手食指与拇指将线圈捏住。将缝针从右手换到左手，捏住针眼部位后，将针穿过线圈。

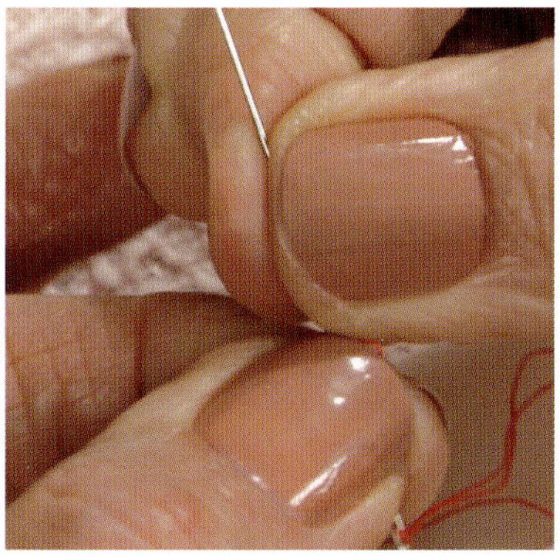

4. 用右手小心地抽出缝针，左手食指与拇指轻轻捏住线圈。

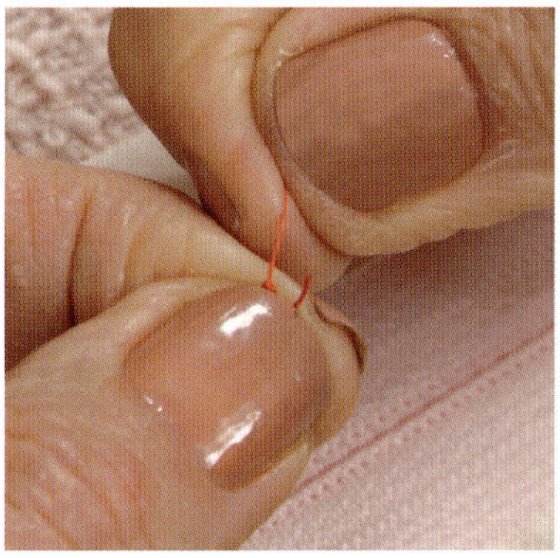

5. 缝线穿过线圈后形成线结。

拉链牵带的应用

绱缝拉链前应在开口部位加入牵带。这样不仅可以改善外观，还可以提高服装耐用性。

1

1. 裁剪两条牵带，其长度应比样板上开口部位长2.5cm。在每条牵带距离顶端1.5cm处做标记。

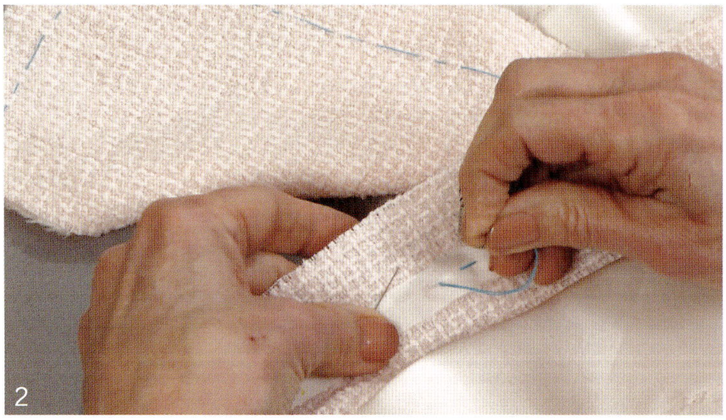

2

2. 将牵带用珠针固定在裙子反面，将布边对齐折叠线，然后用长针将牵带粗缝到位。

3

3. 用三角针将牵带沿拉链开口部位的折叠线固定。

4. 将缝份折至反面，在距离边缘1cm处粗缝。在开口另一侧重复以上方法进行定型处理。

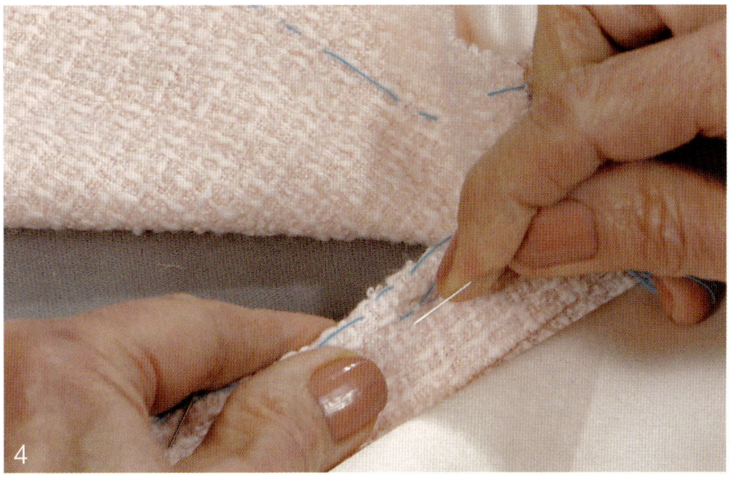

5. 熨烫接缝与拉链开口，本案例使用时装面料作为烫布。

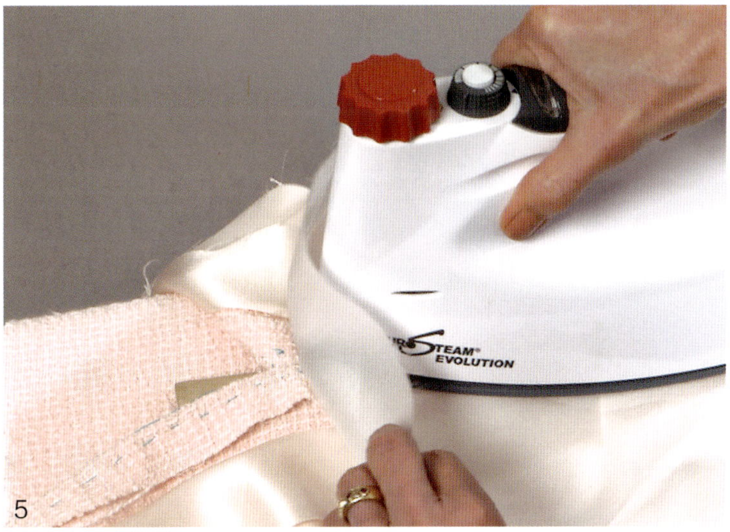

提示：熨烫前应去除所有粗缝线。若不及时去除粗缝线，会导致接缝部位不平整。

熨烫

1. 左图中的熨烫工具按顺时针方向，依次是熨斗、烫枕、烫布、水与海绵、压板、接缝烫尺、烫袖枕。

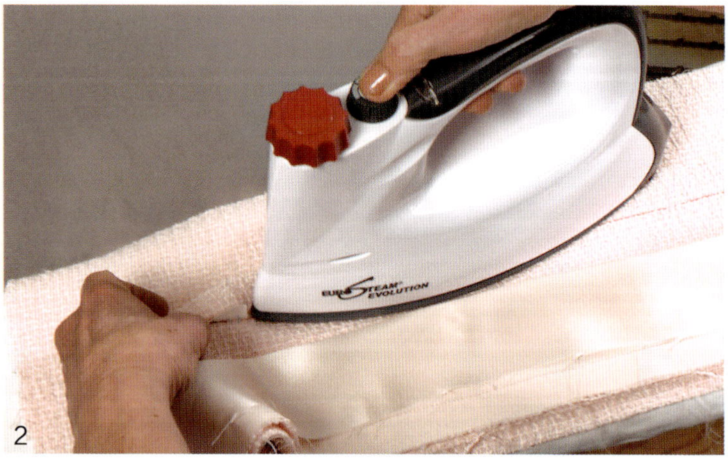

2. 先将接缝烫开。熨烫后缝份将较难拆开，因为蒸汽熨烫可使面料与缝线充分融合成一体。熨烫时，表面应覆盖烫布。为了展示清晰，本书案例未覆盖烫布。

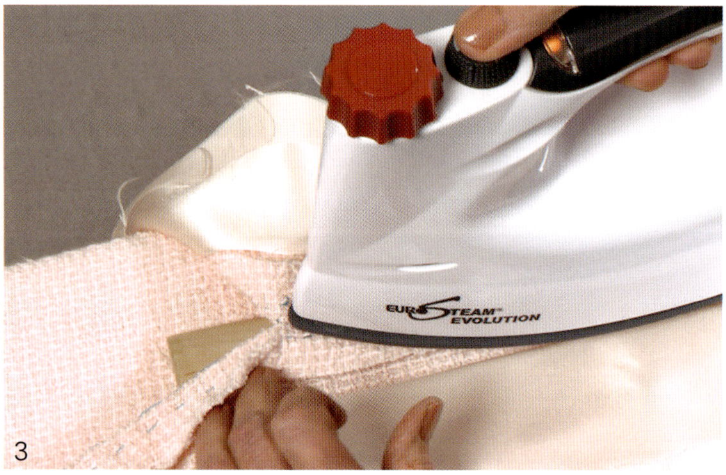

3. 反面朝上，将接缝置于烫尺上烫开缝份。烫尺的弧形表面可使面料在熨烫时自然下垂，以免熨烫后服装表面不均匀。

4. 若熨烫仍无法达到理想效果，可用木压板按压缝份。木制压板可以吸收缝份中的湿气，使缝份更平整。若熨烫仍有困难，可以采用拍打的方法压平缝份。

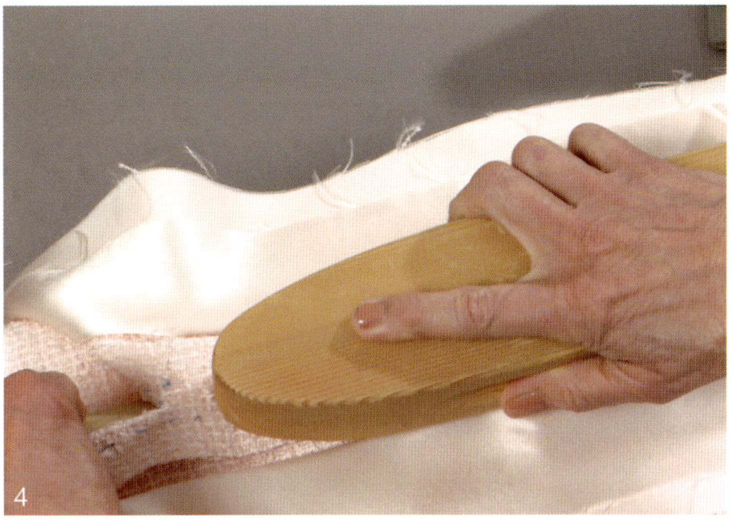
4

5. 为了更好地加湿，可用海绵轻轻按压面料。在面料表面覆盖烫布，然后熨烫。

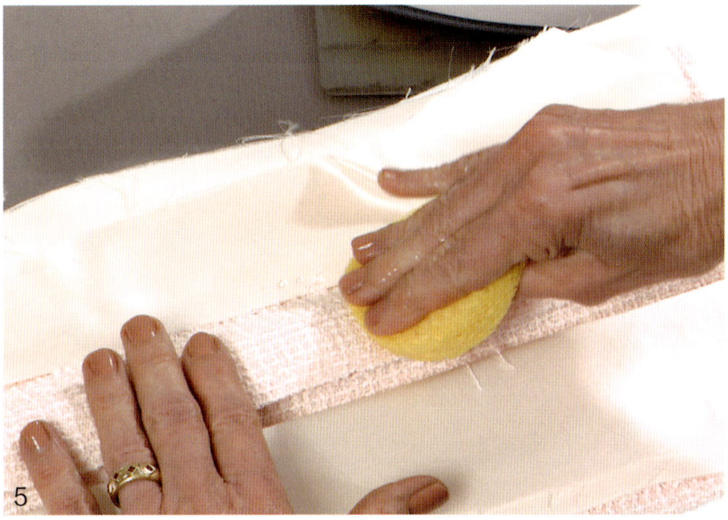
5

修剪拉链

大多数情况下无法找到长短能恰好满足需求的拉链。通常，定制服装店使用的拉链会比实际需求长许多。可按以下步骤操作，修改拉链的长度。

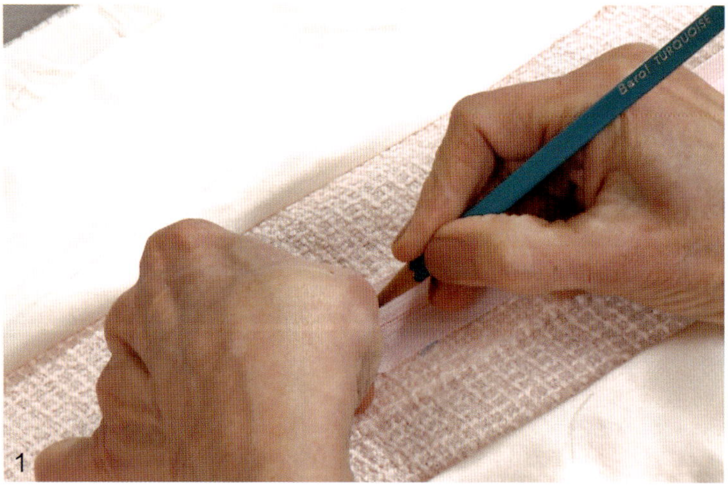

1

1. 用铅笔在拉链底部距离开口2.5cm处做标记。用蓝色粗缝线在拉链顶部标出腰围线。对齐拉链顶部后，蓝色粗缝线正好处于裙片腰线位置。

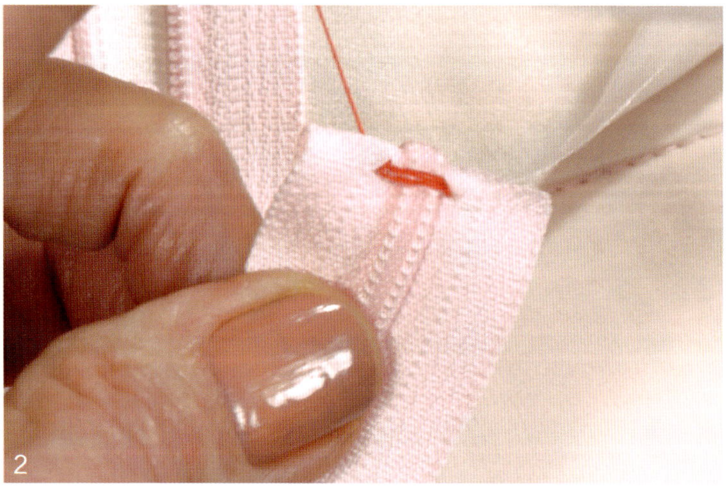
2

2. 跨拉链齿牙，手缝一个套结形成拉链止口。将超出套结的部分剪去，然后将码带边缘包缝住。

如何缲缝拉链

本书所介绍的是手工缲缝拉链。有种误解，认为手工缲缝拉链不如车缝拉链牢固。实际情况是，用手工缝制的拉链也是十分牢固的。尤其在使用蜡光线缝制后，拉链会十分耐用。

1. 剪开拉链顶端的粗缝线，但此时不必将粗缝线拆除。拉链止口以上1.5cm处的蓝色粗缝线用以标出腰围线位置。

提示：在缲缝拉链前必须在拉链开口部位加入牵带定型。否则边缘部位易出现拉伸变形，从而影响服装穿着效果。

1

2. 将拉链顶部粗缝线与裙片腰线部位的粗缝线对齐。用珠针将拉链与面料缝份别合，使拉链齿牙恰好盖住面料边缘。

2

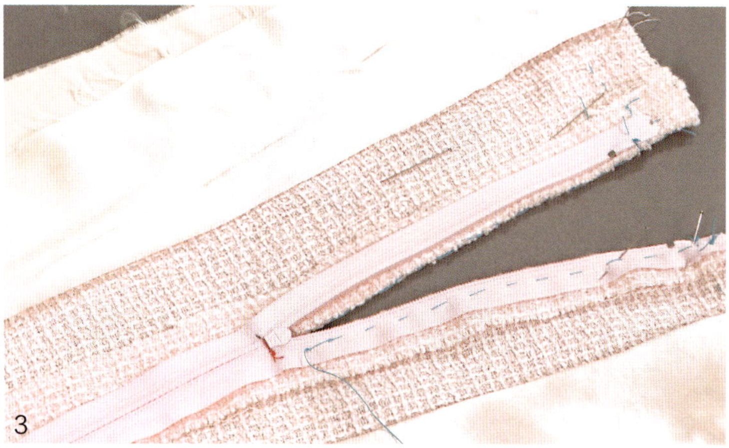

3. 以拉链上的码带为参照，将拉链以长针距粗缝到位。在另一侧重复以上步骤。

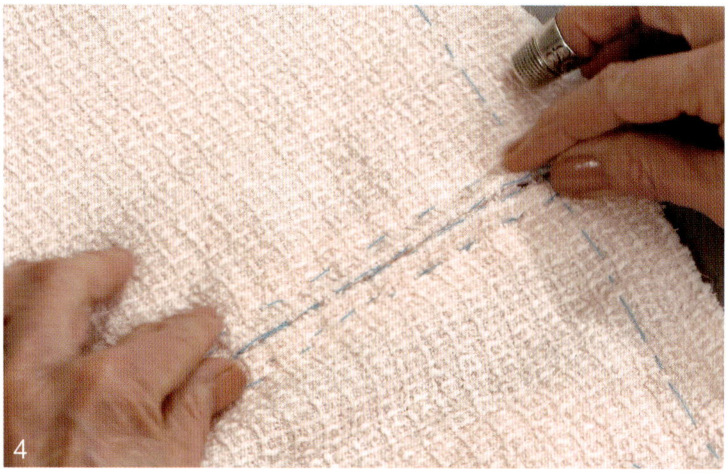

4. 制作拉链时，面料折叠的边缘并拢后会稍有突起。这种情况在穿着后会消失。

5. 拉链绡缝用蜡光线。在腰围线下3cm处起针，缝至拉链底部。

提示：蜡光处理后的缝线强度高，不易缠结。处理方法是将缝线拉过蜂蜡后用纸巾包住，然后熨烫使蜂蜡融入缝线，多余的蜂蜡可以被纸巾吸附住。应事先制作充足的蜡光线，使用后多余的蜡光线可缠在空线芯上以备后用。

6. 用小针距平针在正面缝制。若针距依然明显，可改用缝针与布面垂直的方法缝制。采用平针或落穗针缝制出的接缝穿着时面料可以随着身体运动产生移动。用平针与落穗针制作的服装，服装收口后表面针迹不明显。

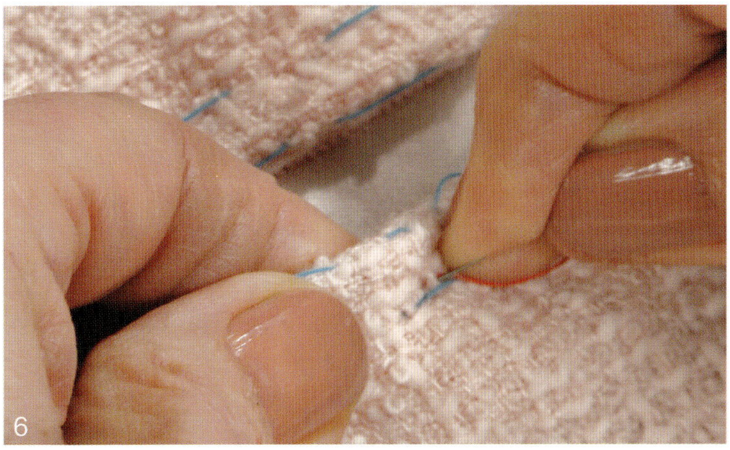

7. 在拉链底部收针，将线头引至反面后固定。

提示：为了便于展示，本书中裙子采用红色线缝制。左侧的线迹相当细，从正面几乎无法看出。

8. 拉链顶部制作一微型袋盖住拉链头。返回缝至拉链顶部，距离腰围线向下3cm处收针。只可将拉链与缝份缝合在一起。缝线应贴着粗缝线缝制。在拉链另一侧重复以上步骤。

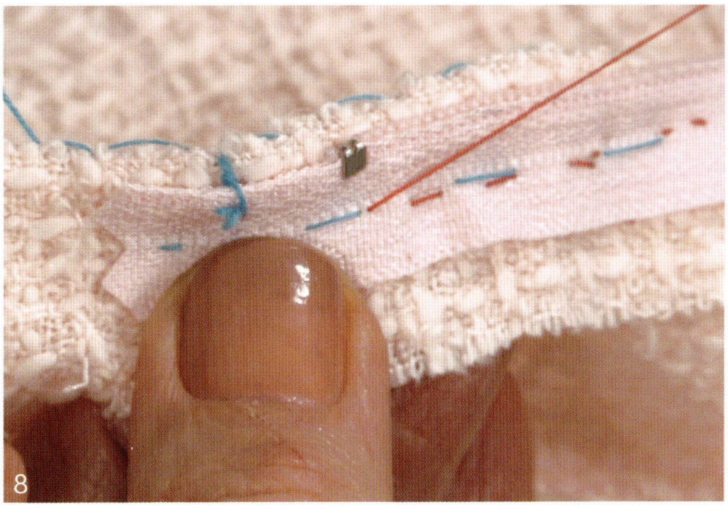

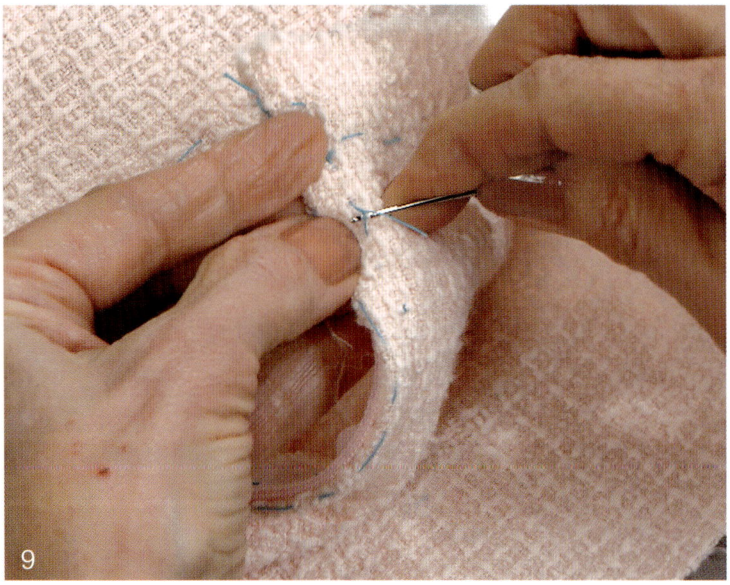

9. 从正面拆除粗缝线。可用拆线刀拆除粗缝线。拉链收口时，可用最小针距的平针将上层面料与拉链缝合，这样可以做出一微型袋盖住拉链头。

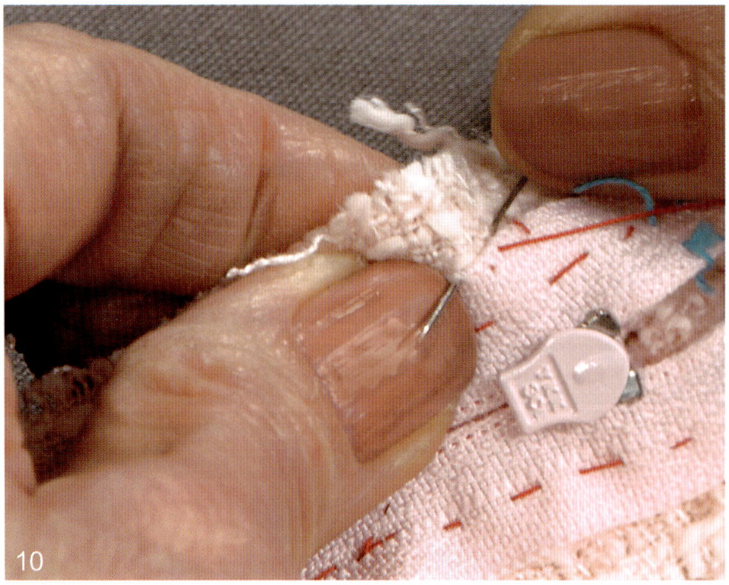

10. 用小号的手缝针，以明缲针将拉链码带以最小针距与缝份缲缝在一起。

提示：若担心拉链绱缝不牢固，可以将面料折叠后，在正面靠折叠线车缝一道线。

11. 用一小块折叠的方块形里布将拉链底部盖住。这样可以使后中部位缝份与拉链之间平整光滑。

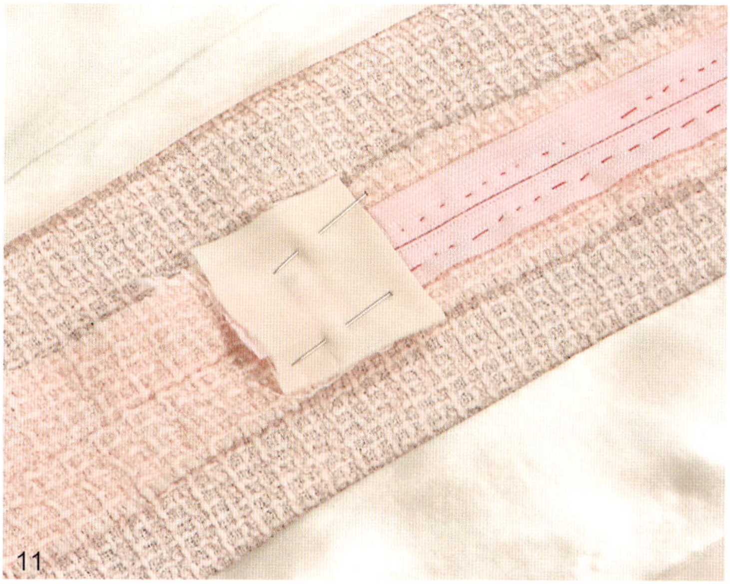

12. 以明缲针缲缝折叠边缘部位。

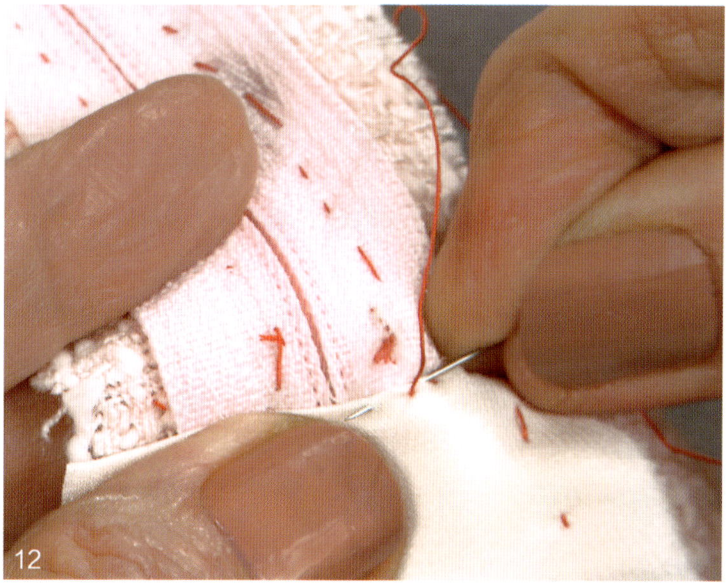

缝纫线上蜡

缝纫线涂抹上蜂蜡后，可使其变得更坚韧不易缠结。

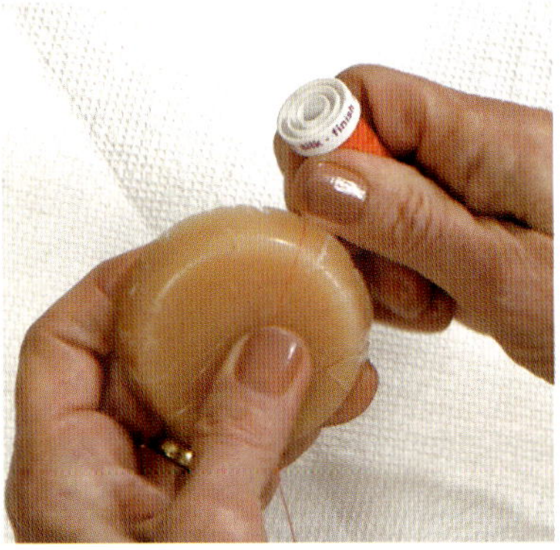

1. 将缝线拉过蜂蜡。

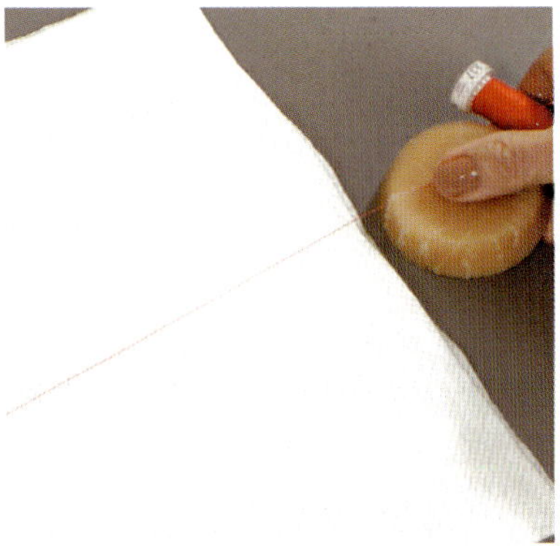

2. 将缝线置于纸巾上，再在上面覆盖一张纸巾，可以在熨烫时吸收多余的蜂蜡。

3. 一边熨烫缝纫线一边从纸巾里抽出缝纫线。

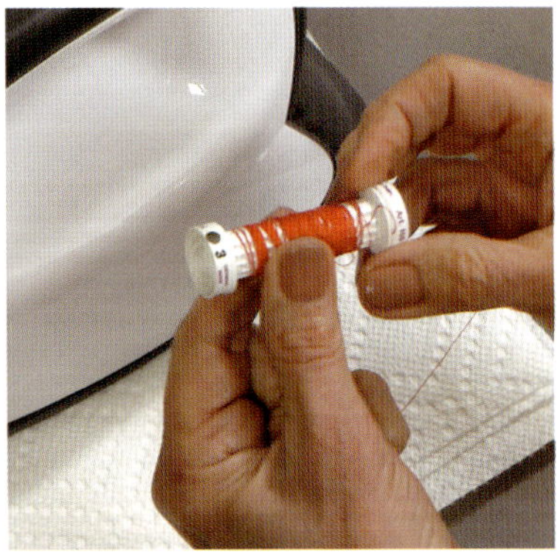

4. 根据制作要求，准备好充足的蜡光线，将其绕在线芯上以备制作拉链与风钩之用。

5. 注意图中纸巾上吸附的蜂蜡。如果未用纸巾吸附，多余的蜂蜡会弄脏服装。

里布收口

由于之前的绗缝步骤已将里布与面料缝合在一起，裙子未合拢之前，里布边缘仍为开放状态。缲缝完拉链后，可在后中部位将里布收口。该接缝处可以用手缝，折叠边缘靠齐。里布收口时应使用那些不外露的针迹缝制。

1. 在后中部位将里布缝份折叠后，里布边缘靠齐。在拉链部位，将里布折叠得稍多一些，从而盖住拉链码带上的线迹，然后粗缝。

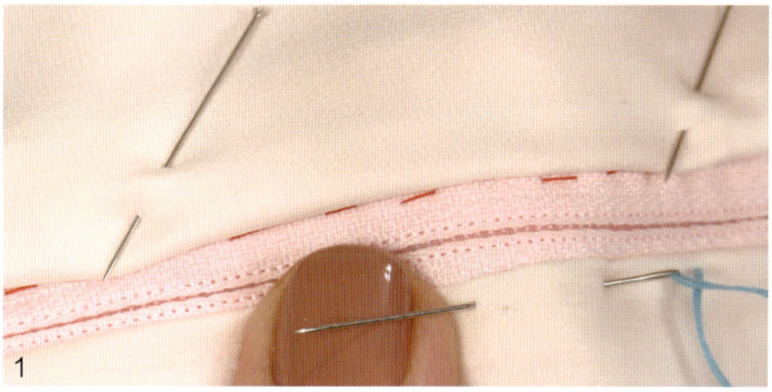

2. 从拉链底部加入的里布片处开始缝制，将里布缝至后中。用暗针沿折边缝制，在距离下摆约5cm处收针。

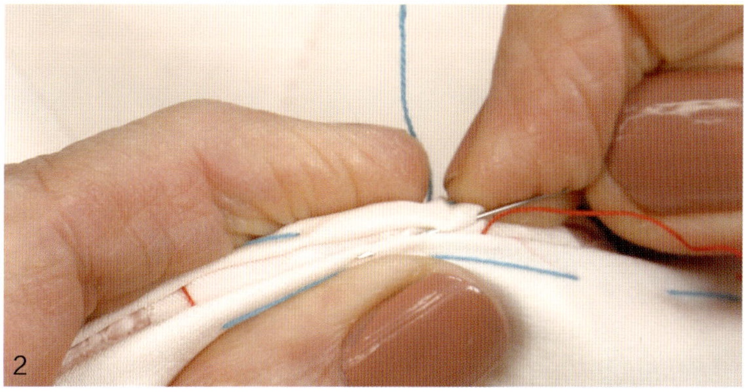

3. 从拉链上端起针，以暗针与落穗针将里布缝至拉链两侧的码带上。落穗针的效果更理想。

提示：落穗针是种回针的缝法，不需要缝穿所有层面料，但可以使里布缝完后保持平整。

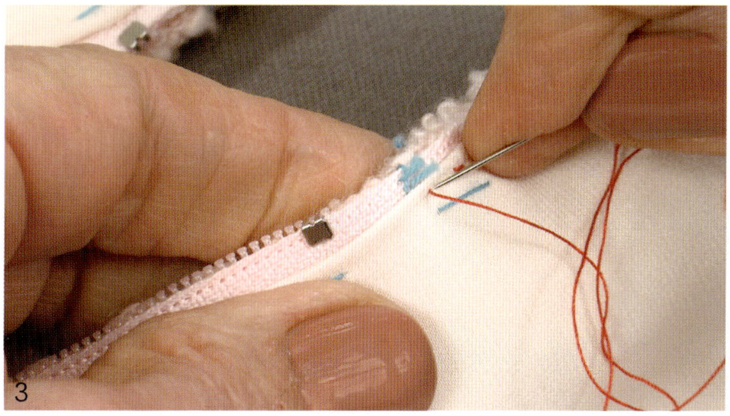

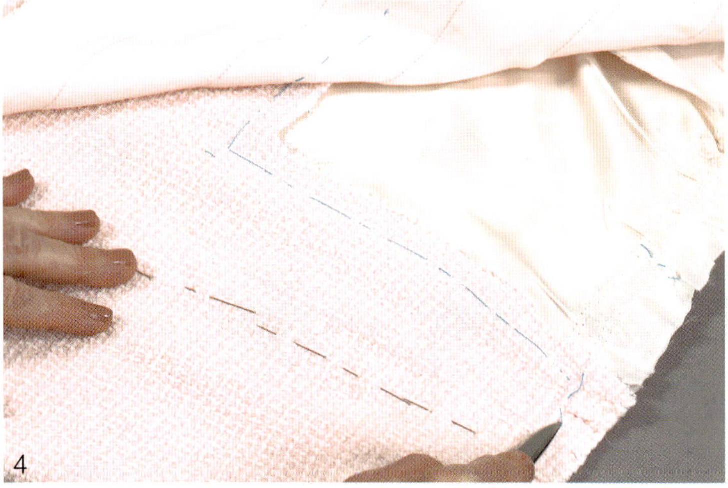

4. 如左图所示，现在可以缝合裙片前身。按穿着的方式，将右前片置于左前片上方。将包裹片下层与上层用珠针别合。然后估计出左侧重叠的裙片的大小。将珠针别合线上方2.5cm部位多余的面料修剪去。

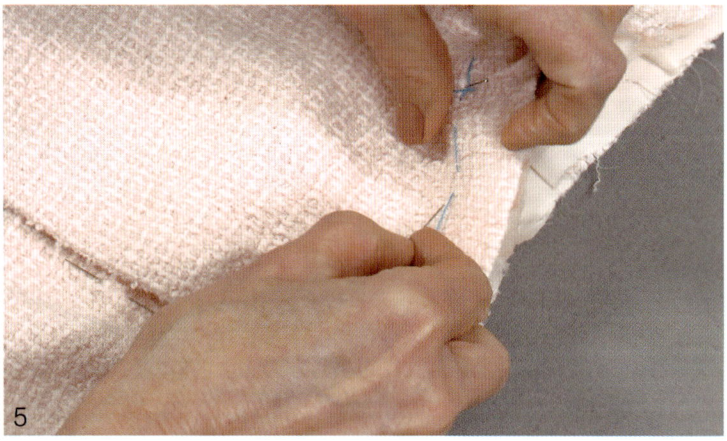

5. 对齐前中线后以珠针别合，然后将上下两层重叠部位的接缝线粗缝固定。根据之前在腰围牵带上做的标记，确认裙子腰围的大小。可根据实际情况加以调整。

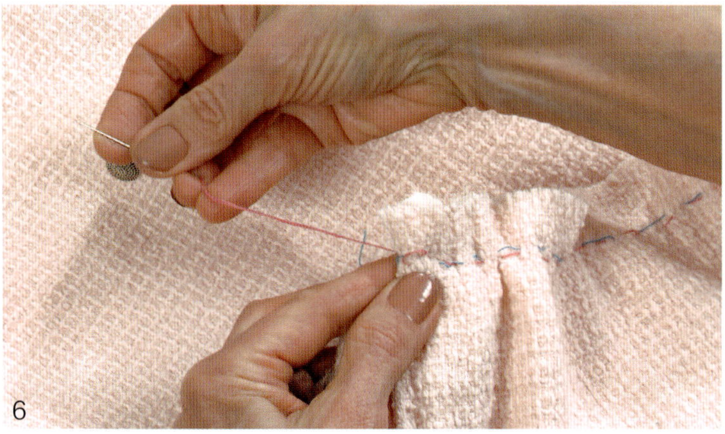

6. 将里布与裙子沿腰围线粗缝。

高级定制作品系列

CHANEL裙始终以充满想象力的装饰边与细节为特色，其中有不少具有代表性的优雅款式设计。该款粉色粗花呢裙子用本身面料制作腰身。腰身在顶部折叠后成为腰里。从前面观察，该款裙子构成简洁优雅的廓型。

该裙子以两条接缝与短拉链代替后中缝，在后身形成一块后片。两条拉链的设计便于穿着，同时解决了腰围与臀围之间30cm的落差量。上衣的下摆可以完全盖住短拉链。

第七章

腰身

这款20世纪70年代的裙子使用了亮丽的粗花呢面料。这款裙子可能是让·卡佐邦与伊冯娜·杜德利共同设计的。前者曾经担任香奈儿小姐的设计助理

制作腰身

CHANEL裙的腰身有各种不同的变化。其共同点是不仅轻薄、舒适，还成为款式设计的亮点。传统的定制服装的腰身制作方法是加入贴边，腰身的底层与腰围大小一致。腰身有多种不同的设计，如用对比强烈的面料制作成约克，只要能与整体款式协调，任何设计都可行。可以尝试各种方案，选择一种合适的腰身款式。

香奈儿认为：任何奢华的设计都不可牺牲服装的舒适性，否则奢华就无从谈起。

腰身贴衬

CHANEL裙腰身内部一般都有支撑结构。腰衬应根据人体形状加以塑造，对腰身面料加以定型。腰身切勿拉伸变形。

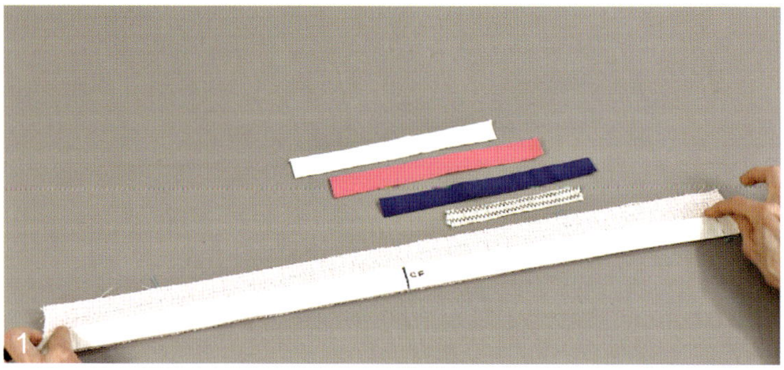

1. 腰身应比腰围实际尺寸长出4~5cm，可以用坯布制作腰身样板。对于腰衬有几种材料可供选择，罗缎丝带可以用于制作CHANEL裙的腰衬，若无法买到，则可以用较厚的罗缎织带或涤纶罗缎带代替。

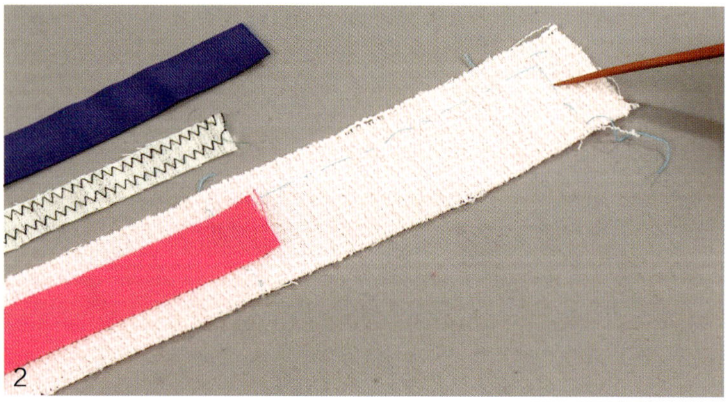

2. 用粗缝标出腰身后中。腰身样板的宽度为1.5cm，本书中案例的腰身宽度为2.5cm，这与罗缎丝带宽度一致。

3. 如右图所示，用珠针将腰衬别至腰身，然后用大的对角针将其粗缝。

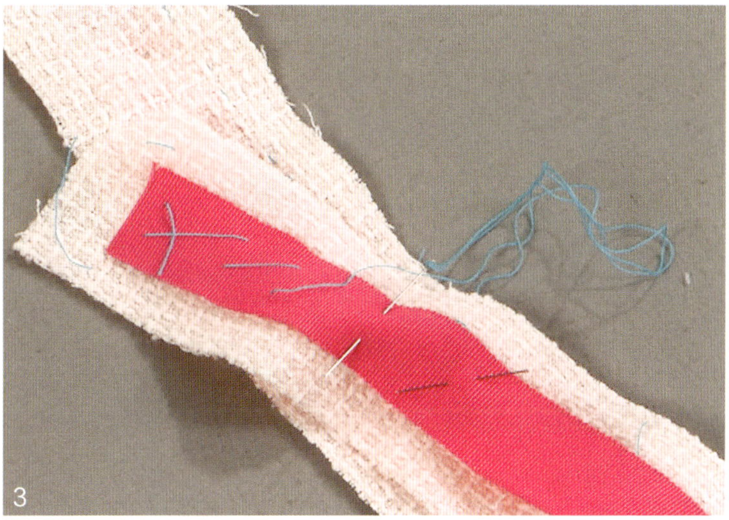

4. 将腰身上缘缝份折叠至罗纹上后，沿0.6cm宽度粗缝。起针与收针位置距离边缘1.3cm。

修剪斜接角

通过修剪斜接角可以有效减小接缝厚度。如果之前从未制作过斜接角，则需要在制作服装前制作试样练习，直至制作水平令人满意为止。为了避免面料脱散，不宜反复摆弄面料。制作效果理想的斜接角可以很好地将裁剪好的面料边缘做光洁。

1. 沿斜向修剪缝份至转角。

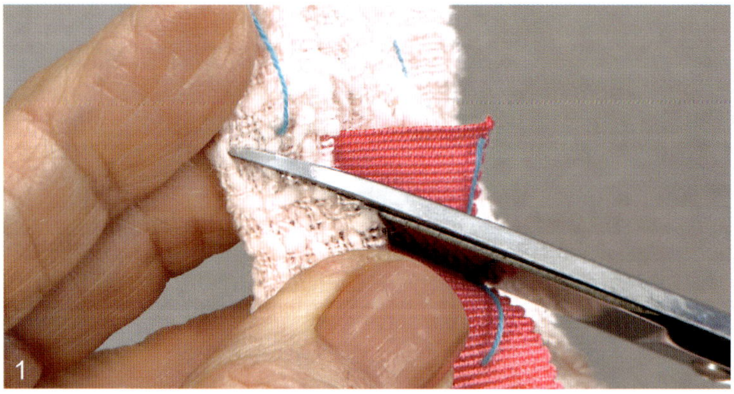

2. 在腰身端部将缝份沿对角折叠，下一步将修剪掉多余的面料。

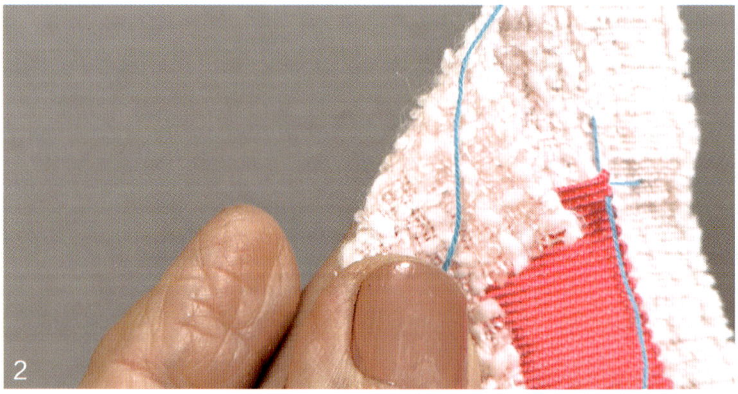

3. 沿缝份将多余的面料修剪去。

4. 将边缘对齐后用珠针固定。必须修剪接缝厚度，并将对齐的边缘用缲针缝合。

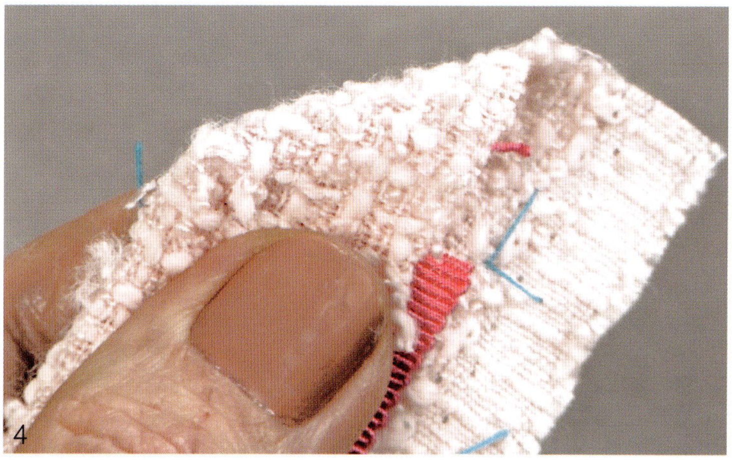

5. 将一侧缝份折返后形成斜接角。

6. 斜接角用明缲针收口，另一侧缝份用同样方法收口。

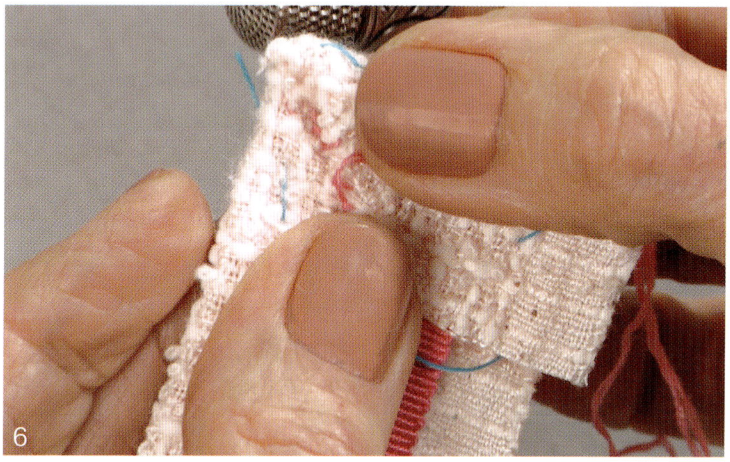

如何绱缝腰身

当腰身加入腰衬并将边缘收口后，下一步是将其绱缝至裙身。在缝制里布前应先制作风钩。

1. 将腰身与裙身的前中与后中对齐后用珠针别合。

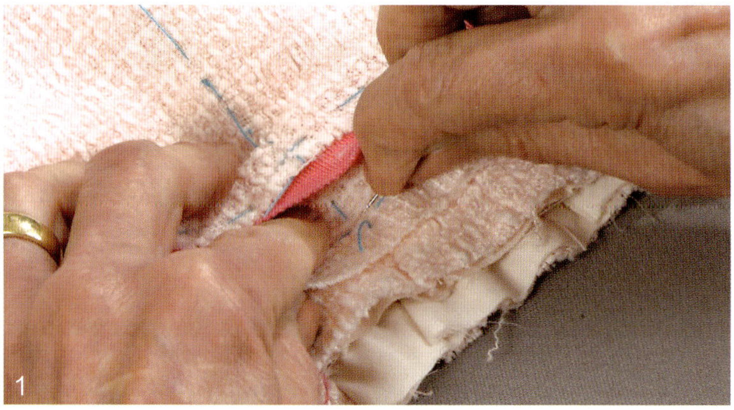

2. 为了能使所有衣片在缝制时放平，需要在腰身后中部位打个剪口。

3. 对齐腰身与裙身侧缝部位的标记，将腰身与裙身手工粗缝在一起。

4. 车缝腰线。

提示：如发现车缝时上层面料拱起，可用锥子抵住面料并送入压脚。

5. 加入刀眼有助于放平面料，从而提高缝制效率。起针与收针不需要车缝回针，可用系结的方式加固线迹。

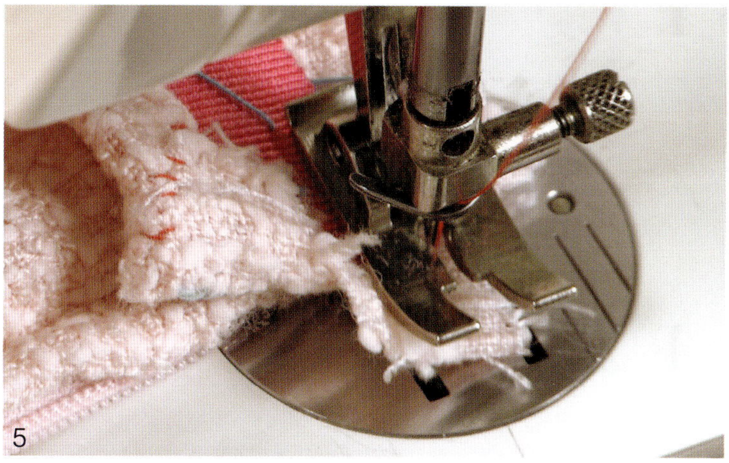

6. 将腰身缝份翻折盖过珠针。将腰身另一侧缝份用同样方式处理，修剪腰线部位的缝份。

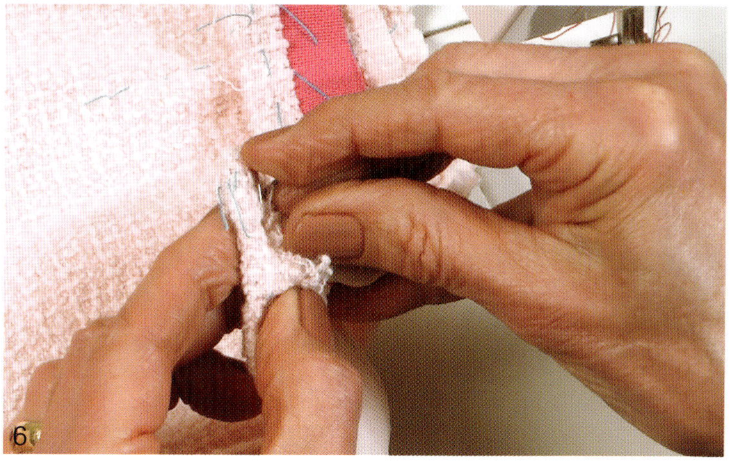

提示：修剪时应将一只手垫在面料与剪刀之间，避免误剪到另一层面料。

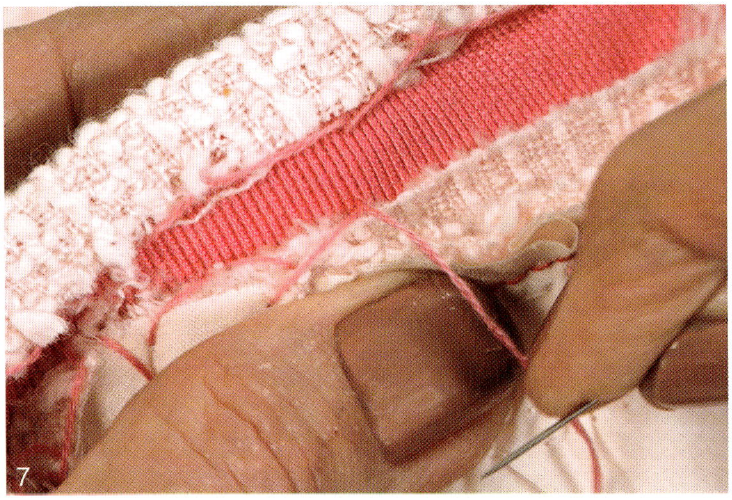

7. 用三角针将腰身部位的缝份固定住，拆除粗缝线，并将腰身熨烫挺括。

8. 将风钩置于腰身顶端距离边缘0.3cm处，将其牢固地缝住，并确认风钩定位准确，扣合后腰身部位没有间隙。然后将其余的缝份钉缝到位。

9. 将风钩环置于腰身另一端头部，使其位于腰身中间位置。缝合后应再次检查风钩与环之间的定位，确保准确无间隙。然后将风钩与风钩环完全正式钉缝到位。

腰身部位缝制里布

缝制里布是腰身制作的最后一步。通常可以采用真丝制作里布。本书中的案例采用真丝软缎作为里布。为了能清晰地展示，本书将软缎的亚光面作为正面。而在通常制作时会选择亮光面作为正面，这样裙子穿着时会更加舒适，看起来也更华丽。

1. 裁剪时，里布应比腰身宽出2cm，长出2.5cm。将长出的边缘向下扣烫1.3cm。

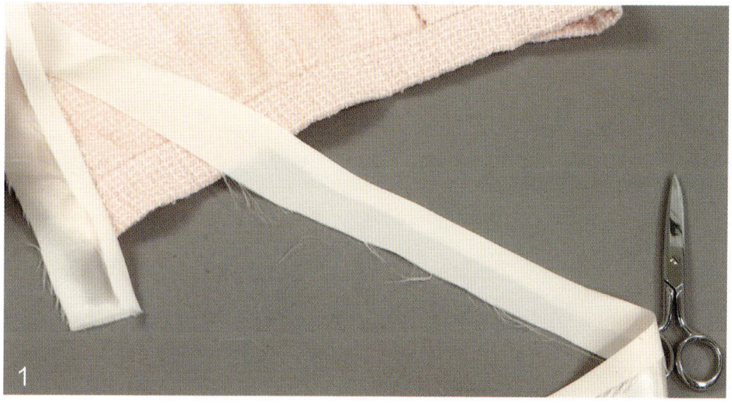

2. 将腰身与里布反面相对，用珠针将里布与腰身别合在一起。将扣烫缝份一侧置于上方。

3. 将里布粗缝至腰身上侧边缘。

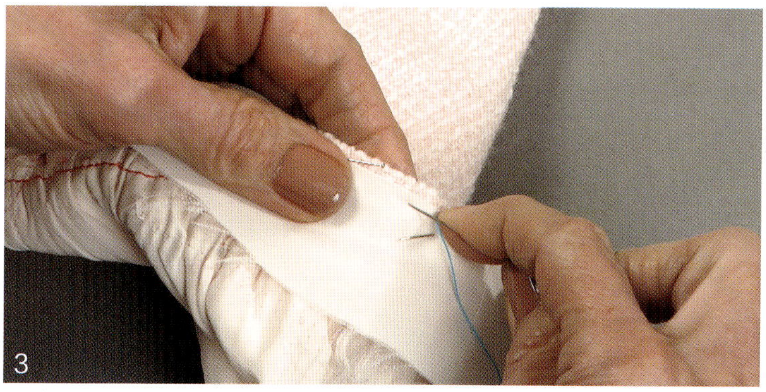

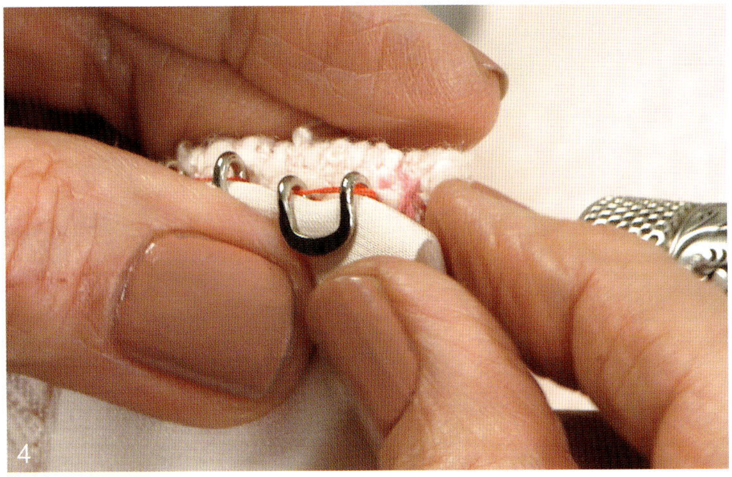

4. 沿风钩将里布边缘向内折叠后继续粗缝。

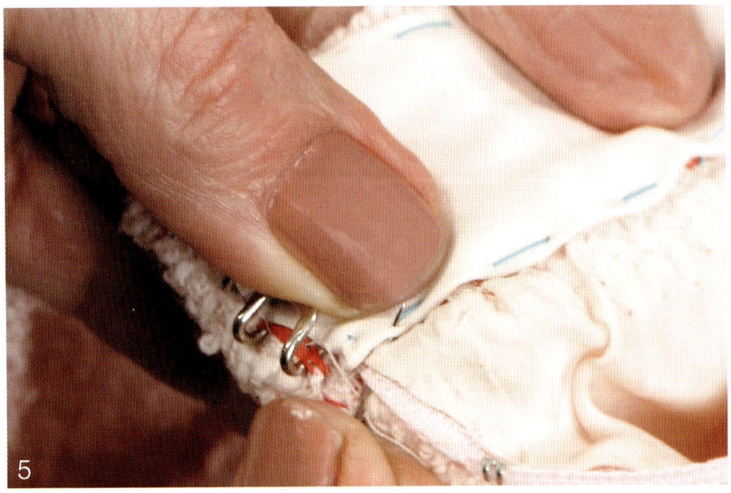

5. 里布粗缝好之后，用配色线将其缲缝好。

6. 熨烫整理腰身。

高级定制作品系列

裙子的腰身部位加入嵌条，并用罗缎作为贴边。但是织带并非该裙子的原配部件。

这款设计于1967年的裙子，弧形的藏青色腰身由山东绸制作而成，作为该裙子的细节，塑造了一个平滑细腻的廓型。

本款裙子用本身面料制作腰身，配以真丝软缎里布，用两对风钩作为扣合部件。

这款裙子为1966年的款式，用绿色与黑色毛呢面料制作，其腰身加入里布。

高级定制作品系列

为了将格子裙放大，这款裙子前身部位加入了一块面料。当时很可能是借用下摆部位的面料，其腰身部位的格子未对齐。

这款黑色裙子在腰线边缘加入了贴边，这样可确保装饰带饰边构成完整的造型。

从这款高腰裙子的腰身清晰可见，腰身在一半以下的部位收窄。

这款裙子后身有两条接缝。每条接缝上有根短拉链，便于穿脱。短短的拉链可以被上装下摆遮盖住不外露。

这款裙子腰身的真丝里布被拆除后可以看到作为衬的两条罗缎织带。为了构成收窄的腰部廓型，腰身的中部加入了两个省道。

该褐色腰身是用布边制作的，里布延伸至腰身顶部。

第八章

收口与整理

该款20世纪70年代的酒红色丝绒裙加入两层真丝雪纺里布，揿钮与拉链都被雪纺面料盖住，腰身用真丝绸缎制作，配以黏胶装饰带饰边

收口细节

与裙子表面简洁的造型形成对比的是CHANEL裙内部结构的丰富多变。例如，松结构面料极易拉伸变形，通过加入衬布后，裙子下摆部位仍能保持挺括与平整。由于许多面料较厚，因此在处理转角时应考虑如何使其保持平挺，最有效的方法是制作斜接角。斜角下摆必须合理处理好里布。当里布与面料绗缝在一起后，应考虑如何处理边缘部位的收口。本章将介绍如何避免里布外露的制作细节。制作品质优良的服装可以令穿着者对产品的质量充满信心。

CHANEL裙可以满足不同年龄层次，下至19岁上至75岁女性的需求。

固定包裹片

裙子前身部位的包裹片是其特色所在。腹部未被去除的多余面料可不必将其缝死，但是这样易出现面料过厚、裙身不平整等问题，因此可以采用以下的隐形线迹缝制。

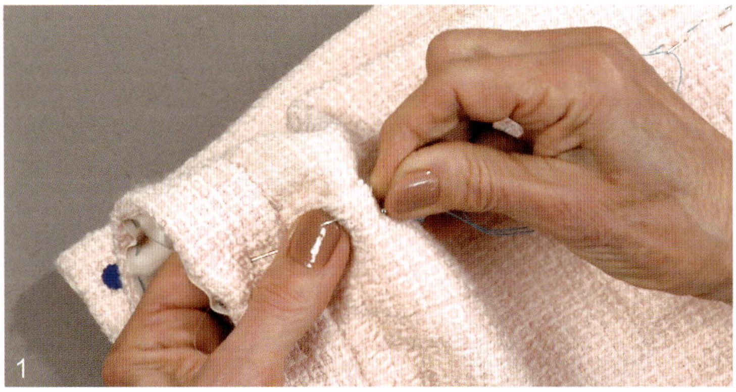

1. 将10cm重叠部位的右侧置于左侧上方用珠针别合。沿边缘约0.6cm，用大针距将其粗缝（可在前后裙身之间垫入张卡纸，避免粗缝时误缝住后身）。

2. 将重叠部位以短针缝合。可用缲针或明缲针缝制，但使用暗针的方法最理想，裙子的外观更自然。

3. 可以用三角针将缝份缲缝至下层真丝里布上。

4. 将里布翻出，并塞入卡纸，这样别合珠针或缝制重叠部位会更加方便。将真丝里布边缘用珠针别合后，再粗缝到位。

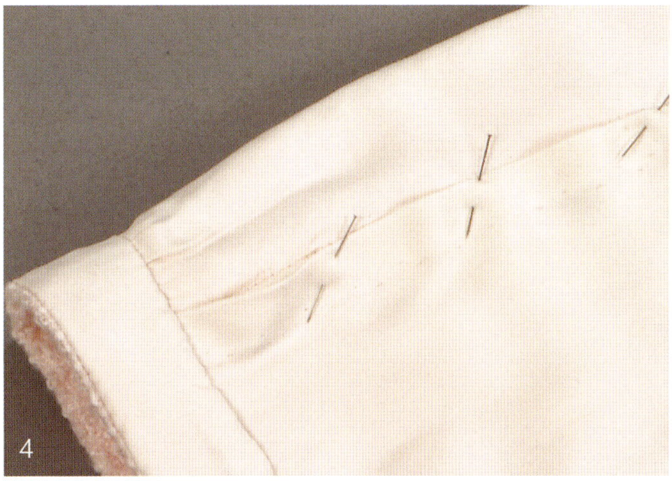

5. 将边缘缲缝在一起。

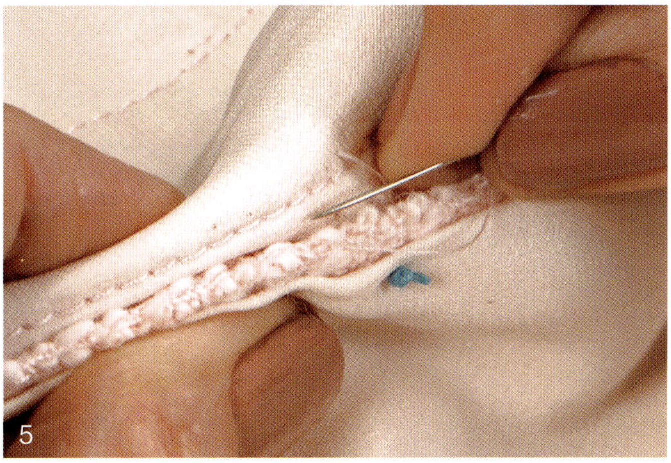

6. 沿水平方向暗缝一道，将上下两片重叠部位缝合在一起，然后拆除其他粗缝线。

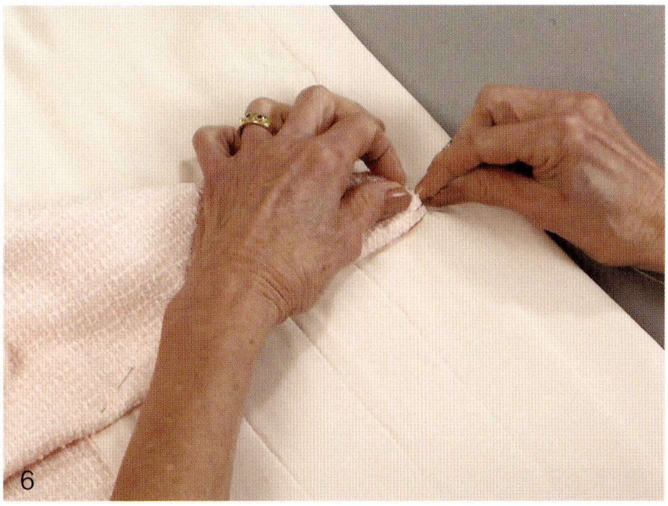

制作下摆

制作高级定制上装时，其下摆部位应钩缝一圈，这样既不会增加上装的重量，又有助于上装保持自然下垂。而在制作高级定制裙子时则不必如此，裙子下摆部位可以加入衬布，使其能保持美观挺括。

1. 用粗缝线标出下摆线位置。

2. 下摆应缝入斜丝缕欧根纱衬布。距离折叠线1.3cm处折叠欧根纱，并熨烫定型。

3. 将衬布置于裙子反面，折叠边置于下摆线上，并用珠针别合。

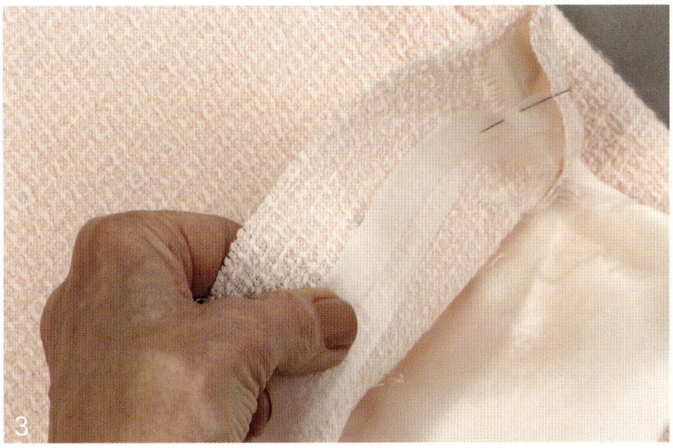

4. 用长针距的暗针将折叠边缝在下摆线上。

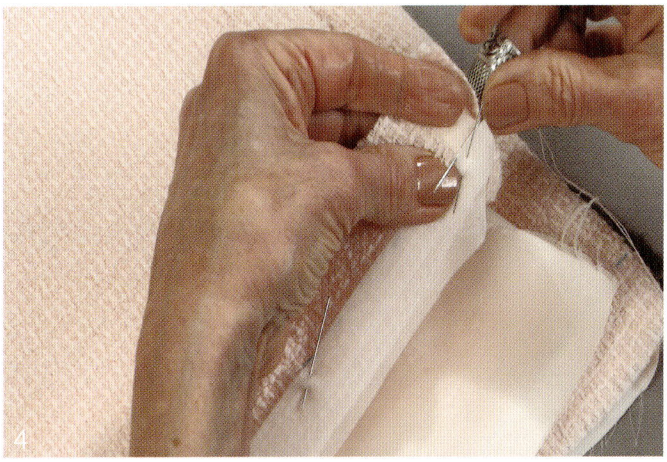

5. 折叠下摆并盖住衬布，在距离边缘约0.6cm处粗缝。从重叠部位上片转角2.5cm处起针，一直缝到距离下片转角2.5cm处收针。

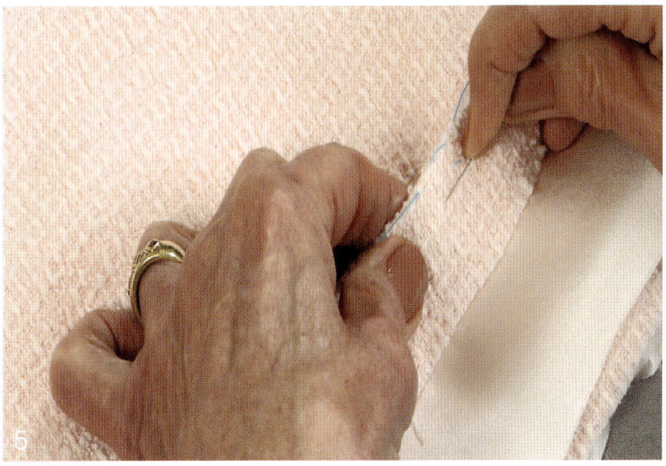

缝制斜接角

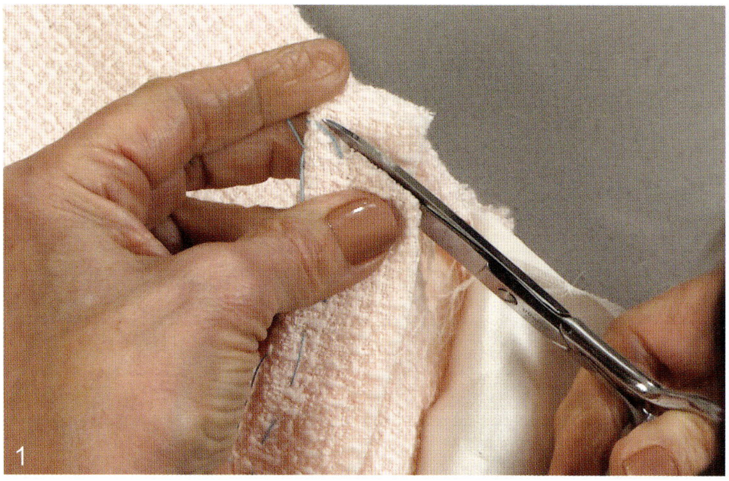

1. 沿下摆缝份修剪斜接角。

2. 用左手拇指捏住下摆，将右侧折入形成斜接角，并用珠针固定。

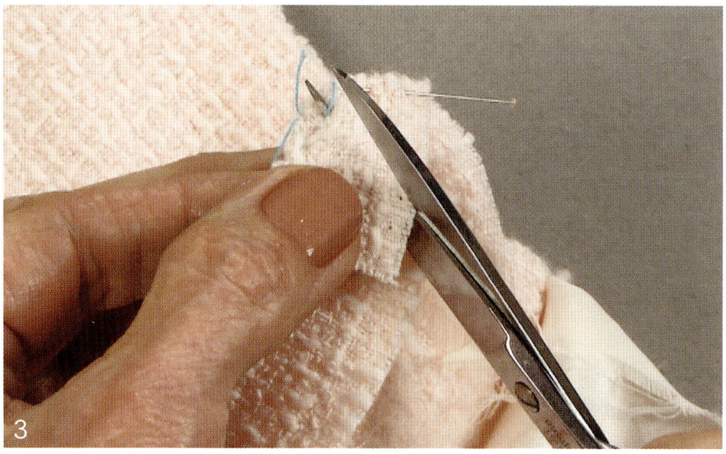

3. 将相接部位多余的面料修剪去。

4. 重新对齐修剪好的斜接角。

5. 将斜角缝合。

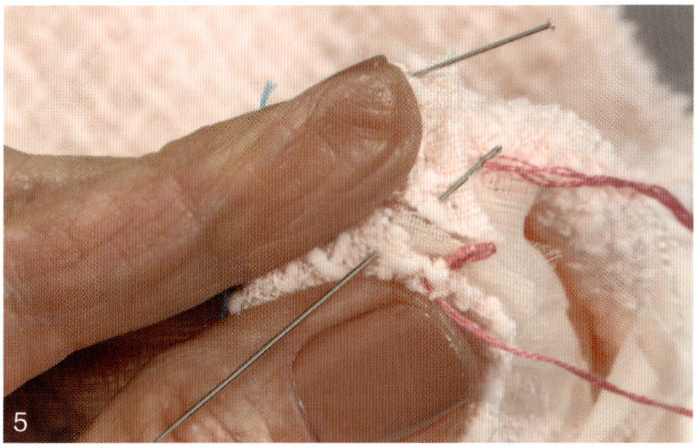

6. 在接缝处放置一根珠针固定缝份。将斜接角折叠后置于下摆上，然后将折叠边缘缝住，熨烫。将缝份宽度修剪至0.5cm。用三角针缝合下摆，再将靠近后中部位几厘米的里布用缲针缝合。

里布收口

最后是将里布与面料缝合，完成裙子制作。至此，应用交叉线标出裙子前中部位。

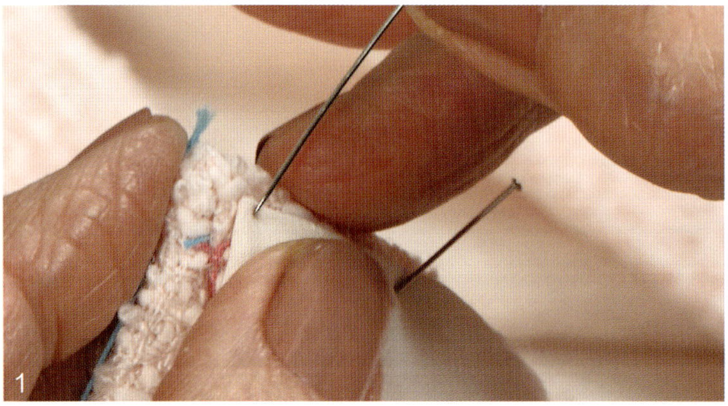

1. 里布向内翻折后用珠针固定，使折边距离下摆边缘约0.5cm。

2. 将里布以粗缝线固定后，拆去珠针。

3. 将里布与下摆用缲针或明缲针缝合，裙身正面线迹不可外露。

4. 在腰身里布一侧缝制一道交叉线标出前中。

提示：交叉线是两列方向相反的斜缝针，一列重叠于另一列上。定制服装上常用交叉针标出服装前中、正面或上层部位。

高级定制作品系列

这款裙子制作于1963年，其重叠部位的饰边为折边，构成内部的贴边。转角部位内外都是斜接角，看起来像条嵌线。

第九章

CHANEL裙的特征

这款1967年制作的CHANEL裙是一套套装的裙子。裙子的藏青色山东绸里布延伸至腰身。其绗缝线间距很大，约4cm

典型细节

大胆、创新的香奈儿在一百年前创造的开衫裙子套装至今仍然流行不衰。这其中究竟是何原因，使其成为时装界中最重要的杰作，不断重现于各种设计中？柔和的线条，简洁的款式，采用与上衣相同的面料，这种简洁设计一出现，就与加衬裙的长裙式样形成鲜明对比，并迅速取代了以往繁复的式样。由此可见CHANEL裙快速风靡的原因，是其简洁的外观式样与优雅的设计很好地满足了人体运动与舒适需求，实用又不失优雅。高档的面料结合简洁的设计，再加上精致入微的细节，使女性在各种社会生活场合，无论是社交、职场或家庭中都能做到礼仪得体，充满自信。经过多年的发展变化，CHANEL裙设计衍生出一系列变化：A型裙、小喇叭裙、褶裥裙，以及本书介绍的带包裹片的直身裙。这一系列设计取得成功的共同特征是：穿着舒适、运动便捷，并能满足不同体型。

CHANEL裙的独特之处

CHANEL裙貌似是种简单服饰。实际上，CHANEL裙的结构相当复杂，整个制作恰到好处、设计得相当完美。每个细节都有利于控制裙子的垂感，加深其给人的质朴印象，提升其吸引力。而所有的制作，包括造型、绗缝与整理，都一丝不苟。

CHANEL裙能根据人体弧线合理制作裙子造型。巧妙地应用省道代替接缝线，以抽缩量代替省道。正是这种简洁的设计，使得原有设计通过改变面料、饰边、钮扣或其他设计细节后设计得以再造。

奢华的面料与饰边

在入行初期，香奈儿采用柔软的针织面料制作职业套装，此举震惊了时尚圈。此后，她再次独辟蹊径，采用男装格子与粗花呢面料制作女装，又一次引起轰动。至今设计师仍用各种不同的格子、粗花呢面料再现这些不朽的设计，形成各种不同版本。香奈儿以面料特点为突破口，开创了箱型的时装廓型后，根据面料的各种不同特点，设计制作出适用于各种场合的服饰，无论是参加运动还是出席晚宴，唯一需要突破的就是设计师的想象力。

CHANEL裙与上装两者的差异是：后者通常有饰边。

创新制作工艺

高级定制时装工艺需要大量的手工制作，这款裙子也不例外。手工制作可以有效控制时装制作品质，有利于在缝制过程中加入余量或塑造廓型。高级定制服装，包括CHANEL裙都会使用归拔工艺，使服装既合体又不失设计感。在高级时装界，CHANEL开拓了高级时装绗缝工艺，可能是由于当时缺乏厚型面料，通过绗缝可以制作出御寒面料。另一原因可能是由于薄型面料

为了便于与各种不同饰边款式上衣搭配，本书中这款粉色裙子并未加任何饰边

易拉伸变形，且柔软不挺括。通过绗缝定型处理后，可以增加材料厚度，从而实现造型、保温等功能。通过对那些精巧的面料加以绗缝处理，裙子的结构会更加清晰而不僵硬。这样既可以保持原有的设计，同时又不影响服装的舒适性。

CHANEL裙取消了侧缝，通过收省道的方法实现了腰部与臀围之间的弧线造型。如果面料性能允许，可通过抽缩与加入余量的方法实现更好的贴合效果。使用省道时宜短小，尽量不要影响服装表面的平整。

这款20世纪60年代的直身裙，其后片有两根拉链，前中有接缝，不同于传统款式，其侧缝没有接缝，腰身部位采用真丝面料，犹如一条宽宽的滚边

这款裙子造型制作相当熟练，侧缝腰线到臀围部位的格子看起来就像是本身图案就有变化似的。仔细观察可以发现，藏青色条格宽窄并未变化，只有白色部分因为收省道而变窄了

典型的设计细节

CHANEL裙中最具代表性的一款是包裹裙。其实这是种表象。这是一款开衩至大腿位置的传统裙子，包裹片只是种装饰，其后中部位有拉链。CHANEL裙后身会有两道接缝。两个拉链开口便于穿着，同时又可以隐藏在上衣下摆下方。

通常包裹片在裙子前身，当然也可以安排在后身，或前后同时加包裹片。大部分设计右片盖在左片上，少数是左片盖右片。

仿制与抄袭

香奈儿于1913年在美国多维尔开设了首家专卖店。20世纪早期，美国制造商与服装企业向其客户提供巴黎设计师的仿制品是种司空见惯的情况。而CHANEL简洁的设计成为模仿与学习的理想灵感来源。有些商户会完全抄袭，采用相同的面料，不改变任何原来的设计特点。另一些商户会稍作修改，以降低产品价格。据报道，香奈儿本人对街面上到处充斥其设计的仿制与抄袭产品的状态并不反感，她认为这是对设计师的一种肯定。实际上，作为精明的商人，香奈儿本人对这种仿制跟风现象也相当重视。1954年，香奈儿曾在其作品发布会之前接触了美国的制造商，向他们展示了当季的系列设计作品，从而便于当地企业更好地安排后续产品的生产。借此，她向那些买手与制造商收取费用，以获取了解其新的系列设计的机会。这笔3 200美元的费用名曰“警示费”，这在当时是一笔不小的收入。

通过收取“警示费”高级时装屋允许买手选择两位设计师的作品仿制，他们可以获得整整一页关于香奈儿设计的清单，这样可以取得产品仿制与销售的权利，并获取销售认证与授权。参考清单包括设计稿、面料说明、工艺制作、色彩、尺码，以及每件服装的成本与一些细节信息，如饰边与钮扣等。

收费最高的是那些为高定时装屋特别客户提供的定制设计。这些高定时装屋包括旧金山的艾 · 玛格宁，华盛顿的朱丽叶斯 · 加芬克尔，以及纽约的波道夫 · 古德曼与尼农。尼农为当时的美国第一夫人杰奎琳 · 肯尼迪提供服装。当客户下完订单后，工场负责人会从CHANEL的面料供应商那里选择相同的面料，然后根据客户提供的人台制作样板。制作则由本地具有与CHANEL工场技师相同技能的缝纫工完成，这样可以确保仿制产品与CHANEL原版产品一致。多年前，笔者曾将原版的迪奥时装与艾 · 玛格宁生产的仿制品加以比较后发现：两者除了工艺上有细微差别外，服装本身的质量不相上下。有时本地零售商提供的仿制产品价格也未必便宜，但是客户会更易接受本地产品的板型与便捷，省去了往返巴黎所耗费的一个月的时间。

授权的成衣产品

为了满足大众市场的需求，美国服装产业开发出了各种适合批量化的成衣制板与生产技术。即使采用与CHANEL相同的面料、钮扣与饰边材料，其成本也远远低于CHANEL时装，因此其售价也只有原版CHANEL时装的十分之一。一些制作商会在购买每季的设计后，为各类客户提供仿制产品。当原版CHANEL时装出现在《时尚》杂志的封面上时，会同时提及这些制造商。在图片中会介绍CHANEL仿制服装制造商名称、店铺，以及销售原版CHANEL时装的店铺，这样不同类型的客户群都能购买到CHANEL时装的款式。但不幸的是，大部分博物馆收藏的CHANEL时装皆为未获授权的仿制产品。

这款达维多夫制作的仿制品，并未采用抽缩余量的方法。其侧身没有接缝，仅有一个省道。其里布可能是黏胶山东绸，也未作绗缝处理

美式风格的CHANEL时装

许多制造商，包括设计师在获得授权后就开始开发本地化的美式CHANEL时装。有些设计采用的面料与CHANEL一致，有些则不然。其中最显眼的就是钮扣，大部分钮扣没有CHANEL的商标。近些年，如阿道夫、圣约翰针织与卡斯尔伯里的针织产品设计，其灵感皆来源于CHANEL开衫套装。

达维多夫制作的仿制品

右页左图是1964年的裙子，选用林顿花呢提供的羊毛马海毛格子面料制作，采用匹染工艺，使面料呈现出细腻丰富的变化。包裹裙侧缝部位用小省道代替抽缩余量。这款裙子是根据一位左髋高的客户体型制作的，通过修剪去左侧下层的面料，减少了裙子在腹部的面料厚度。

裙子用薄型平纹真丝面料作为里布，并沿垂直方向按3cm间隔距离绗缝。包裹片的边缘与下摆部位用缲针收口。

包裹裙腰部用3cm宽的撞色宽条作为腰身，边缘用配色粗纱绣花装饰。水平方向用配色的金属线与纱线绣花。包裹裙上下两片重叠部分用暗针在距离边缘2.5cm部位缲合。

腰身部位用0.6cm宽的布边制作饰边，腰里采用罗缎织带制作。在织带前中位置制作了一列交叉线迹。在拉链开衩部位，腰身有一小点重叠，并用风钩固定。臀部左侧的拉链并非是原本的拉链。

自1967年开始，CHANEL授权达维多夫制作服装，右页右图是三件套（上装、裙子与衬衣）中的裙子。裙子制作精良，而成本仅为原版CHANEL定制时装的十分之一。当CHANEL在全球销售其自有成衣后，这种授权仿制产品随即消失。该款裙子未做绗缝，羊毛格子面料水平方向对格准确。包裹裙侧缝用长省道代替，右前片重叠置于左前片上，以车缝固定。

竖直方向的对格不太理想，有些接缝部位的深绿色条纹较宽。重叠部位下层部分面料被修剪去，以减少腹部面料厚度。

腰身部位采用整块面料折叠的方法制作。腰身宽2.5cm，上层长出1.2cm，下层长出5cm，以此调节腰围大小。腰身用两副风钩扣合。

裙子里布为薄型黏胶山东绸。下摆不封闭，里布裙摆车缝7.5cm宽的下摆。裙身下摆宽度同为7.5cm宽，以单线包缝边缘后再用手工针暗缲。接缝与里布钉在一起未作任何收口处理。前片腰身内侧钉有商标。

达维多夫公司

达维多夫是家知名的获授权仿制CHANEL时装的公司。纽约时装学院收藏的CHANEL系列作品就是达维多夫获得相关设计资料后制作的仿品，这些资料包括CHANEL的设计稿、面料色卡、所有面料的清单、里布、配饰、钮扣及饰边等。所有面料都有详细描述，包括生产商、款式号、色彩与设计作品所需的面料用量。

可可·香奈儿的生平与CHANEL时装店的发展历程

香奈儿本人曾经讲过“生活并不如我意，是我自己创造了如意生活。”通过研究发现她早年经历充满各种离奇与神秘。本书中这部分内容主要来自于一些期刊杂志，如《妇女服饰日报》《时尚芭莎》与《世界时装之苑》等，服装史学家艾美·蒂·拉·海伊与瓦莱丽·斯蒂勒的研究，以及了解香奈儿生平的传记作家的著作。毋庸置疑，香奈儿是位成功人士。她的成功之处不仅在于其创新，更在于她令这些设计成为潮流。我们实在是无法完全透彻地了解香奈儿，因为她已经远远超越了同时代的其他设计师，而她所获得的成就也是无人能企及的。

1883年 8月19日加布里埃·可可·香奈儿出生。

1908年 开始其职业生涯，在巴黎的马勒塞尔布大道160号制作帽子。

1910年 在巴黎康朋街21号开设女帽店。

1913年 在多维尔开出专卖店，推出用罗迪尔针织物制作的无分割线运动外套。

1914年 推出用制作帽子的针织物制作的针织衫与两片式泳装。

1915年 在比亚里茨的高巴斯克开设第一家高级定制时装店。当时一件CHANEL礼服的价格为3 000法郎。

1916年 推出了运动外套、裙子与礼服。香奈儿设计的女衬衣首次发表于《时尚芭莎》杂志。纽约的利奥·格林菲尔德公司销售盗版的CHANEL时装。

1917年 推出与礼服搭配的针织上衣。上衣加入素色饰边使其能与裙子搭配。

1919年 CHANEL在康朋街31号开设高定时装店并营业至今。

1920年 推出绗缝套装设计。

1921年 推出无领箱式开衫与裙子，并推出由拉赖特香水店开发的CHANEL5号香水。委托基尔莫绣花店制作刺绣。推出CHANEL双C商标。

1922年 为让·谷克多的戏剧《安提戈涅》提供设计。

1923年 在戛纳开设专卖店。制作波·切利开发的女式衬衣。

1924年 与皮埃尔与波·韦尔泰梅合作生产CHANEL5号香水，同时推出唇彩与粉底彩妆系列产品。

1925年 推出CHANEL针织套装系列。

1926年 推出黑色小礼服，《时尚》杂志称其为“香奈儿·福特”。CHANEL批量化产品价位由10美元至250美元不等。

1926年 CHANEL公司拥有2 000名员工，当年可制作2万件高定时装。

1927年 在伦敦开设高级定制店，关闭其在阿基坦的店铺。同年，威斯敏斯特公爵将CHANEL的双C标志置于伦敦上流住宅区梅费尔的灯柱上。

1928年 开设CHANEL针织面料店并销售传统的粗花呢男装面料。同年，纽约贝斯特公司推广CHANEL外套，该款服装复制了CHANEL麂皮外套的设计。

1929年 推出中性款式设计。并在康朋街开设销售香水的专卖店。

1930年 在其设计中推出珠片饰边设计。

1931年 前往好莱坞，为米高梅公司提供设计。

1933年 将CHANEL针织面料改名为CHANEL织物。

1935年 达到其事业顶峰，雇佣4 000名员工，在康朋街拥有五家专卖店，当年在全世界套装销售量达到2.8万套。

1936年 CHANEL公司出现罢工，阻止香奈儿进入公司。

1939年 德国入侵法国期间，香奈儿宣布关闭定制店。

1940年 二战期间，香奈儿搬迁至里兹酒店。

1946年 香奈儿流亡移居于瑞士。

1953年 返回巴黎重开高级定制时装店，并雇佣350名员工。

1954年 推出其第一组回归系列设计。将CHANEL高定与香水业务卖给皮尔·沃泰默。

1955年 推出经典的绗缝手提包。

1956年 聘用让·卡佐邦与伊芳·杜德尔为设计助理，并再次推出其珠片饰边套装设计。

1957年 香奈儿凭其在法国时尚界多年杰出的成绩荣获尼曼·马库斯时装奖。设计出经典的双色鞋。同年，纽约时报将香奈儿设计定义为一种风格。10月28日的《世界时装之苑》提出了“香奈儿系”。

1958年 9月1号的《时尚》杂志也引用了“香奈儿系”一词。

1960年 CHANEL高定套装的价格约为1 000美元。《时尚芭莎》杂志提出了“香奈儿精神”。

1963年 时任美国第一夫人的杰奎琳·肯尼迪穿由纽约尼农时装店制作的CHANEL套装前往达拉斯。伦敦星期天泰晤士报将CHANEL称为时尚界首件不朽之作。

1969年 达维多夫制作的CHANEL套装售价为350美元。

1971年 可可·香奈儿逝于巴黎里兹酒店。同年，卡斯顿·贝特洛受雇，负责管理CHANEL时装的制作。

1973年 雷蒙·埃斯帕扎接替贝特洛，负责CHANEL高定时装设计。

1973年 让·卡佐邦与伊芳·杜德尔成为CHANEL的高定时装设计师。

1973年 CHANEL在美国的仿制产品制作商达维多夫停业。

1974年 艾伦·韦尔泰梅（皮尔的孙子）成为首席执行官，停止授权业务。

1978年 成立CHANEL创意，首条CHANEL成衣品牌线由菲利浦负责设计。CHANEL成衣的价格约为750美元，而其高级定制时装的价格约为4 000美元。

1983年 卡尔·拉格菲尔德成为CHANEL的艺术总监。他设计所有高级定制时装、成衣与服饰品，并一直持续至今。CHANEL高定时装的价位在6 000至15 000美元之间，其成衣套装的价格为3 000美元。

1997年 收购勒迈尔羽饰制作坊。

2002年 收购勒萨热刺绣制作坊、米歇尔女帽制作坊、马萨罗制鞋坊与德吕服饰珠宝制作坊。

2002年 成立精品手工制作坊，包括各种专业工作室保留各种传统时装手工制作技艺。

2005年 收购罗伯特古斯森金银饰件制作坊与马萨罗鞋靴制作坊。同年纽约大都会举办展览纪念香奈儿。

2006年 收购吉利特布艺花制作坊。

2011年 收购莫泰斯刺绣制作坊。

2012年 CHANEL精品手工制作坊收购位于苏格兰霍伊克的巴里针织。每套CHANEL高级定制时装价格约5万美元，其成衣上装的价格在6 000元至12 000美元之间。

制作年份

作者的CHANEL藏品包括CHANEL回归时期（1954—1971）、过渡期（1971—1983）、拉格菲尔德时期（1983—至今）三部分。收集这些经典时装具有巨大的挑战性，尤其是从二手市场收购或线上拍卖藏品。作者投入了大量时间收集了逾一百件CHANEL原版与复制服装，用以分析服装的设计与结构。以下是作者的研究发现。

大部分CHANEL套装仅在上衣上有标签。在其商标标签下有一织带，上面有号码。该织带编码可用于了解这件CHANEL时装的产品信息，包括：产品购买日期，客户姓名，该套服装的成本、面料、饰边、饰件等信息，以及制作坊信息，制作服装所费工时。根据这些信息，作者将每件服装的信息逐一记录下来。但是有些服装没有标签，有些服装的标签因褪色而无法辨认。由于CHANEL公司的产品信息并不对外公布，作者只能通过其他渠道去了解这些服装的信息，如翻阅《时尚》《时尚芭莎》《世界时装之苑》等旧期刊中的款式图片。通过这种方法，作者根据1960年《时尚》杂志中图片，第一次准确地确定了时间。其中，最早的藏品是一款刊登在1957年《世界时装之苑》杂志封面上的套装。从此，作者慢慢形成了自己的清单。

年份	织带编码号
1957	05600～05900
1960	12000～15200
1962	17000
1964	23000～24000
1965	26000～28000
1966	31500
1967	33500～34000
1969	36000～39687
1970	38981
1971	41500～43000
1972	44000
1973	47500
1975	53000
1983	63750
1989	68000
1991	69750
1992	70000
1993	71500
1995	73200
2003	81500

附 录

腰身制作工艺

高级定制时装的腰身采用三种制作工艺：第一种是用本身面料制作腰身；第二种是腰身加贴边；第三种方法是裙子没有单独的腰身，在边缘部位加贴边。无论裙子是否有里布，加贴边的腰身可用里布或者用罗缎带手工收口。可以根据腰身不同的面料、形状与设计，选用不同的制作方法。

腰身准备

腰身可采用与裙身相同的面料制作。为了与裙身图案相匹配，腰身可以按直丝缕或横丝缕两种方向裁剪。但是斜丝缕裁剪不常用，除非上衣同样采用斜丝缕裁剪，以达到上下协调的目的。大部分成品腰身的宽度为2.5~3cm。腰身扣合时，两端可以并置或者重叠。以下为采用本身料制作带贴边腰身的方法。

1. 确定完成腰身所需要的长度，即测出腰围长度后加入5cm松量。

提示：使用一根坯布条代替原先使用的牵带，绕腰围一圈测量其长度。测量时应坐下，以确保裙子穿着的舒适性，然后测量出布条的准确长度。

2. 拓描出腰身的长度与宽度，各边加入至少1.5cm的缝份，并加入7.5cm的额外长度。拓描出所有的对位点与服装中线、侧缝、折叠线。若腰身在后身部位有重叠，将后腰身左侧置于上方、右侧置于下方。
3. 根据腰身的长度与宽度裁剪腰衬。如果是中厚型面料，腰衬应采用较硬的衬布，如帆布、麻布、罗纹丝带、织带等。对于轻薄型面料，可采用罗纹缎带。如果腰身较宽或有形状，应采用比直腰身更硬挺的衬布。如果一层衬布的硬挺度不够，可以采用两层或更多层衬布叠加。将衬布反面向上与腰身粗缝在一起。

提示：可采用之字针将毛鬃衬与绗缝面料缝合起来。每列之字针的间距为0.6cm。

本身面料腰身

有时称为常规腰身或单片腰身。本身料腰身采用薄料或中等厚度面料制作。

1. 采用三角针沿衬布边缘将其缲合至腰身。
2. 反面朝上，将腰身沿翻折线折叠。用蒸汽扣烫出伏贴的腰带形状。通过熨烫，拔长上口边缘至足够的长度，使其能包住腰身。也可以将下口边缘熨烫拔长，使上口边缘成为裙子腰围线部位。
3. 将腰身与裙身正面相对，对准各个对位点，粗缝固定后车缝，再将缝份宽度修剪为1.2cm宽。
4. 拆除粗缝线后，将缝份向腰身部位烫倒。
5. 将正面相对，沿折叠线折叠腰身后将腰身两端粗缝起来，但不要缲缝到裙身。
6. 将缝份熨烫分开后翻出腰身正面。
7. 腰身收口方法与衬衫袖克夫制作方法相同，将毛边向下折叠后，沿接缝缝漏落针。

本身面料腰身

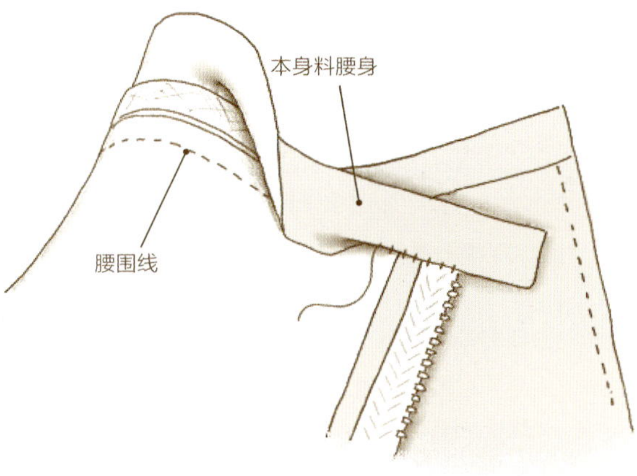

腰身加贴边

加贴边腰身比本身料腰身轻薄顺滑。腰身加贴边需要用手工造型与缝制，这是本书中裙子腰身的特点。

1. 根据对页中的指导将衬布加缝到标有缝线的腰身上。当缝制羊毛或动物纤维面料时应用熨烫的方法使面料与衬料充分结合成为一体。

2. 将缝份包裹住衬布后用珠针固定或粗缝以备试样。不必担心转角部位缝份过厚。

3. 可以用蒸汽熨烫的方法制作平顺贴合的腰身造型。应拔长其上口的长度，使其能制作出平顺的松紧带抽带管。

4. 将腰身与裙身粗缝在一起。若腰身出现卷曲，说明腰衬不硬挺，或是腰身太紧，或是面料太厚。因此需要加长腰身令其伏贴。腰身两端应形成7.5cm的重叠。

5. 试衣完成之后，应用撞色线标出需要修改的部位，然后拆下腰身。

6. 将腰身两端及下口处的粗缝线拆下，上口部位需要拆下一部分粗缝线，以满足能拆开腰身两端即可。然后修剪腰衬，腰衬只需要长出开口边缘5cm即可，不可伸进腰身缝份。

7. 正面相对，将裙腰身下口与裙身粗缝合拢。对齐缝线与对位标记，然后将缝份向腰身烫倒。

8. 修剪缝份后其宽度约为0.3cm，置于腰身缝份下方。

9. 对于大部分薄料或中厚型面料而言，其腰身转角部位不需要制作斜接角。在腰身两端粗缝腰衬。修剪腰身下侧的缝份，使其不会外露。

10. 将腰身两端折返后将其粗缝到位，并再次熨烫。可以用木压板拍打腰身两端使其平整。将线头修剪干净，再用三角针固定腰身两端。用三角针将衬布与面料缝合。若面料较厚，除了底部转角以外，所有转角部位都可以做成斜接角。

11. 腰身部位，包括边缘与腰线接缝，可根据需要车缝0.6cm宽的明线。

12. 如果腰身部位有腰襻，应将腰襻折叠到腰身反面，使每个腰襻留出0.3cm到1cm大小的穿带量。用手工钉缝住每个腰襻。

腰身的收口

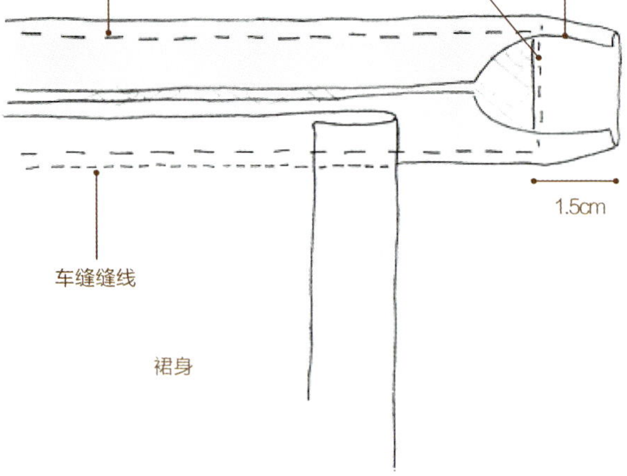

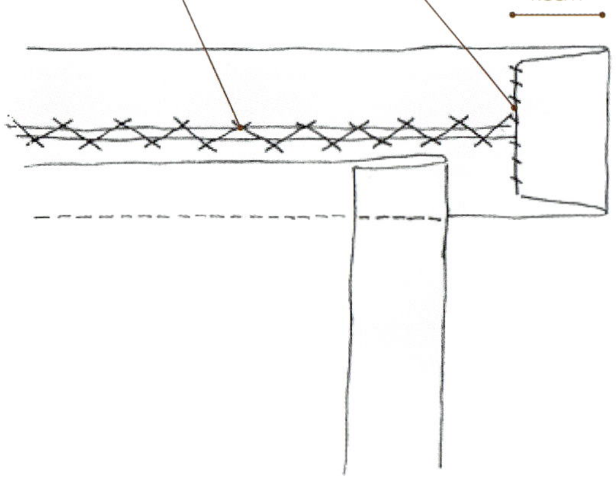

完成腰身制作并加贴边

在完成腰身制作前应先加入里布与挂裙用的吊襻，以及腰身上的风钩与扣眼。

1. 如裙子需要加里布，制作时将里布与裙身反面相对，在腰线部位对齐接缝与省道后以珠针固定。再用手工平针以小针距沿腰身缝份上方0.6cm处，将裙身与里布缝合。
2. 可用大号的风钩固定裙子，并在腰身门襟重叠部位加缝风钩。起针时将反面朝上。在腰身两端缝制风钩时，风钩应距离腰身边缘向内0.6cm。
3. 将正面朝上，用交叉针将风钩的钩襻部位钉在腰身里襟重叠部位。如果腰身两端并齐，可在腰身里襟反面缝制两个带圆孔的风钩搭襻，并在门襟相应部位缝制风钩，从而使腰身能穿着伏贴。
4. 在缝制裙腰贴边前，应将裙子带襻缝制到位。
5. 将里布沿直丝缕方向裁剪成腰身贴边，腰身贴边的长度与宽度应比完成后的腰身长出0.5cm、宽出0.5cm。也可用横丝缕的罗缎作为腰身贴边，其较长一边应完成收口处理，其长度应比腰身长出2cm。

6. 反面相对，将贴边置于腰身中间。在贴边上用锥子开孔，这样风钩可以固定在腰身两端。将风钩钉在贴边上并将线头拨开，用珠针别合贴边与腰身。

7. 将贴边上口与两端部位的缝份折入，这样贴边距离腰身边缘缩进0.3cm，用珠针固定。在门襟部位将边缘折入风钩下，并用珠针固定。在腰线部位将毛缝翻折下盖住平针，并用珠针固定。粗缝后稍作熨烫。以漏落针将腰身与贴边缝合后，将粗缝线拆去，并加以熨烫。对于罗缎贴边，翻折两端后，将所有边缘粗缝，并用明缲针缝好。

腰线部位加贴边

腰线部位通常可以用罗缎贴边，也可采用里布收口。CHANEL裙常常在腰线部位加贴边，这种处理方法常用于与上装搭配的无腰身裙装。贴边用手工制作，可以用于腰线的上口或下口部位。以下是制作罗缎贴边的方法：

1. 在裙子腰部用固定牵带定型。根据需要对裙子上口部位加衬。

2. 将裙子缝份折下盖住牵带，并用三角针将缝份与黏合衬缲合。

3. 根据腰线形状，以蒸汽熨烫、制作省道或抽缩的方法制作罗缎造型。

4. 将裙子反面朝上，罗缎置于裙子腰部，用漏落针缝制到位。

腰身加贴边

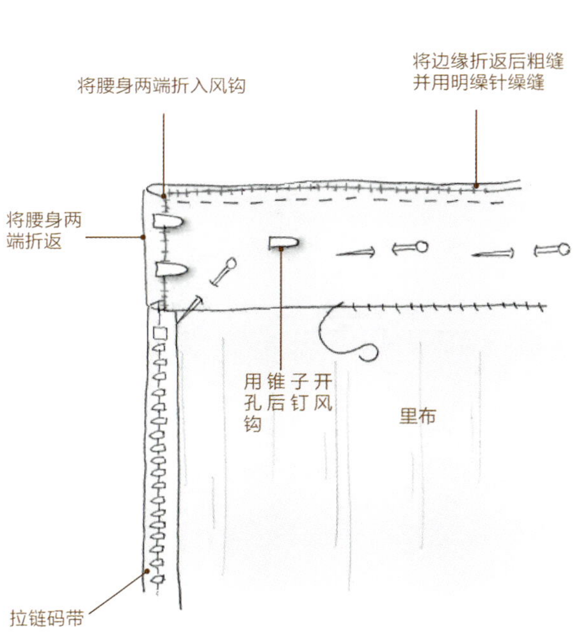

腰线部位加贴边

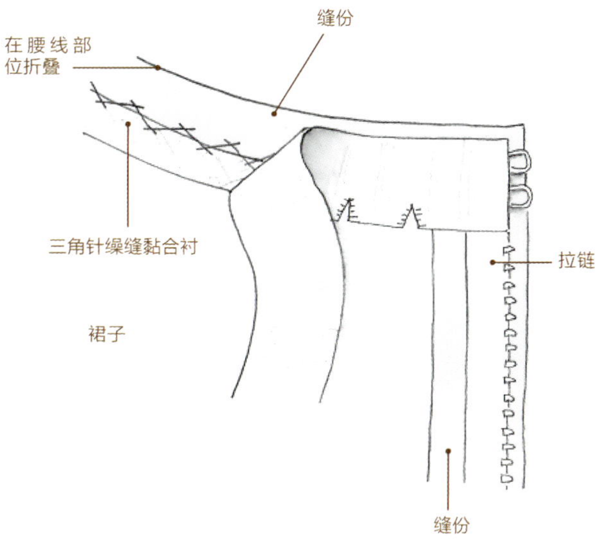

裙子与上装结合

有些裙子可以与背心之类的上装结合，这样穿着舒适，当然，服装的悬垂效果会有一定影响。

裙子可以与上衣，如衬衣或背心缝合在一起。这类裙子通常可以与其他单品结合，成为两件套。

根据设计要求，可以将裙子缝份向肩部烫倒，从而形成平整的效果。或者向下方烫倒，形成加强缝，使服装形成一定的不贴合人体的独立形状。这种方法对于制作礼服或百褶衬裙最合适。

1. 先进行试衣后再缝制。
2. 用缝线在衣片上描出缝份，以便于与裙子结合。该缝份可以与地面平行，或随腰线形状，或是完全不同的样式。为了减少腰线部位的缝份厚度，裙子可以低于实际腰线数厘米。
3. 如果有人台作为辅助，制作结合会更容易。可将衣身置于人台上，然后用珠针将裙子别在衣身上，与相应的缝线或对位点对齐。若没有人台，可以将服装用珠针别合后找朋友试穿。
4. 检查确认裙子的悬垂效果，并作适当调整。
5. 从人台上取下衣身与裙子后缝合。
6. 若悬垂效果理想，可以将其直接缝合。如用平面方法制作，可将缝份宽度修剪为0.5~1.5cm。用三角针或用滚条整理边缘。对于带百褶的接缝可用缲针缝合衣身与裙身，并锁缝毛边。
7. 在将衣身与中间部件结合时，将衣身与中间部件置于人台上或人体上，用珠针固定。对齐对位标记，或根据需求调整长度。腰线部位作收口处理时可以将毛缝向下折叠，或用配色或撞色面料覆盖。接缝部位应用手工缝制。

服装索引

本书中的服装皆为作者本人所收藏。作者自20世纪70年代至今，已收藏2000多款高端定制时装与成衣。这些藏品都是20世纪60~80年代的CHANEL时装，还包括经授权后由作者制作的裙子。这些裙子穿着舒适，其中有些带包裹片，有些是宽下摆，带有褶裥或开衩。

1

2

羊毛格子呢

1. 该裙为20世纪60年代款式，前后片带有褶裥。褶裥打开后可以看到面料本身的格子图案。在裙子上口部位可见到较宽的格子图案。褶裥下层的多余面料被修剪掉，以防止裙子下沉。在褶裥上端腰线位置加入真丝牵带。裙子长度被改过，且没有下摆，裙子的比例被改变。该裙装没有商标与规格号型，配套上衣的编码为33214。

羊毛花呢

2. 该裙子采用羊毛与马海毛混纺面料，前片有包裹片，其上带有嵌条与里布。裙子作绗缝处理，腰身部位有罗缎里布，上下两片层叠30cm。该裙子有四个三角插片。臀围左侧有拉链，没有侧缝。裙子无商标，配套上衣的编码为33418。

3

4

真丝罗缎

3. 该款曾刊登在1963年3月1日的《时尚》杂志上。该裙子使用奶白色真丝罗缎，有平纹真丝里布，未作绗缝处理。

羊毛隐格呢

4. 该款裙子曾刊登在1965年3月1日的《时尚》杂志上。该款裙子的钮扣图案用手工绘制，手工锁缝扣眼。边缘用粗纱制作装饰边。

5

6

7

达维多夫的复制品

5. 达维多夫以制作高品质的CHANEL复制品出名。该裙子为1967年CHANEL系列的复制品，其价格仅为原版产品的十分之一。裙子有四个三角插片，没有侧缝线，未作绗缝处理。该款制作省道造型，腰身采用本身料制作，裙身内侧开口部位有里襟。

羊毛格子呢

6. 该款为20世纪60年代的宽包裹片裙，其包裹片延伸至侧缝，采用轻薄真丝制作里布。绗缝线的间隔距离为3.5cm。边缘部位用本身料布边制作饰边，并用金丝线与粉色纱制作刺绣。该裙有四个三角插片，没有侧缝。其臀部左侧有拉链，并用本身料边与罗缎制作腰身。在其前中部位罗缎面料上有交叉线迹。该裙子没有商标，上衣的编码为35228。

羊毛连衣裙

7. 该款服装并不常见，这类设计不太适用于高级定制。根据设计要求，结合工艺处理，制作上衣，保证服装穿着后不会出现扭曲变形。在制作前先将罗缎织带与腰身车缝在一起，定型腰部。然后将衣身与腰身缝合。裙身部位的褶裥形成漂亮的宽下摆。裙子后中片背面加入全棉衬布支撑其造型。该款裙子没有商标，其上衣的编码为40350。

8

9

真丝千鸟格花呢

8. 这款服装曾刊登于1960年3月16日的《时尚》杂志上。该款式采用真丝千鸟格花呢面料制作，前中和后侧片有接缝以便穿着。该款式没有侧缝，其真丝里布下摆部位开口，并未做绗缝处理。其后片接缝部位缝制了真丝衬布。其包缝处理的下摆并非原来的下摆。在腰身内侧用交叉线迹标出裙子的前中。裙子没有商标，上衣的编码为11992。

真丝花呢

9. 该款式为《缝纫线》杂志设计。这是一款带有包裹片的经典裙，有里布，没有侧缝线。用松量缩缝的方法代替省道，绗缝处理的间距为5cm，腰身用里布制作成滚边，开口位于后中部位。腰身两端并齐，用风钩作为扣合部件，腰身前中内侧手工制作交叉线迹。

10

11

12

棉黏胶混纺面料

10. 该款裙用棉黏胶混纺面料制作，本书选用该款式作为样本是因为其色彩展示效果好，可以清晰地观察制作的各种粗缝线。该直身裙带有包裹片，除了侧缝部位有省道，其他省道都用抽缩的方式代替。其后中部位有接缝，绗缝处理的间距为5cm，拉链的顶部有个小的口袋，用以盖住拉链拉头，腰身用真丝制作里布。裙子没有任何饰边，方便与两款不同上衣搭配。

横条波浪裙

11. 该款裙子采用横条面料制作，其下摆为20世纪60年代下摆展开式样，下摆共分七片。每条接缝部位车缝明线，以强化褶裥效果。其腰身为素色，实际是通过制作褶裥的方法将条纹中间的白色部分去除后形成的。为了制作9cm宽的腰身，实际使用了约18cm宽的面料。腰身内用薄真丝面料。裙子并未采用绗缝工艺，里布与面料在下摆部位缝合。拉链装在臀围左侧。裙子没有商标，其上衣的编码为39327。

羊毛马海毛千鸟格

12. 该款式曾刊登于1966年9月15日的《时尚》杂志。该直裙采用羊毛马海毛千鸟格面料制作。其前身部位有两道嵌缝，下层为黑色塔夫绸面料，在行动时会显露出来。该裙子貌似被修改过，因为其腰身部位不太平整，且面料也不是很配。裙身经绗缝处理，绗缝间距为8.5cm。裙子没有商标，配套上衣的编码为31590。

13

14

羊毛粗花呢

13. 该款直身裙为20世纪60年代早期款式。该裙用羊毛粗花呢制作，并以平纹真丝作为里布。该裙子有四个三角插片，后身有两根拉链。裙身没有省道，代之以抽缩方式处理。裙身与里布的接缝都用手工包缝。该裙长度未改变过，但里布长度曾被改短。裙子没有商标。

真丝天鹅绒

14. 该裙子用酒红色真丝天鹅绒制作，并配以真丝里布。裙子用斜丝缕缎纹制作腰身滚边，并用黏胶面料制作辫结。由于其辫结被风钩钩破，导致其白色绳芯外露。裙子后身有包裹片，其上层用雪纺做贴边，并用平纹真丝作为里布。该裙子后身部位有商标，编码为50085。

15

16

羊毛马海毛格子

15. 该裙为20世纪60年代末的式样。该直裙共有11片，因此必须精确安排好。裙身的绗缝处理部位是金色的格子条纹、前中和红色条纹的中间。腰身边缘加入衬布定型，并用真丝制作贴边。在表面腰围线下4cm位置车缝一道明线形成腰身。裙子左侧有根拉链。裙子没有商标，其上衣的编码为36958。

羊毛格子

16. 该款为1967年的包裹裙，以对条对格制作，曾被收录于丹尼尔·波特撰写的《CHANEL：创意与作品》一书中。包裹片的上层边缘有饰边。腰身为4cm宽的藏青面料，与上身服装搭配。绗缝线间距为3.5cm，位于竖直条纹的边缘处。裙子有四个三角插片、没有侧缝，左侧有拉链。裙子没有商标，其上衣的编码为33798。

17

18

褐色花呢

17. 该裙为20世纪70年代中期式样。在腰线部位，里布延伸至腰身顶部。在里布上口距离边缘0.5cm处，用落穗针手缝。裙子后身里布上有商标，可能是因为裙子与上衣为不同工场制作。裙子上的编码由于褪色已经难以辨认，配套上装的编码为49779。

羊毛花呢

18. 该款采用羊毛花呢制作，其包裹片用真丝制作里布。作者为了将此裙子与衣柜中一件上装搭配，未制作饰边。该裙子没有侧缝，所有省道用缩缝代替。裙身绗缝线间距为5cm。腰身有真丝里布。开口在后中，腰身两端并齐，以风钩扣合。腰身前中内侧有交叉线迹。

19

20

马海毛羊毛千鸟格

19. 该裙曾经刊登于1964年3月15日的《时尚》杂志。该裙用黑纱饰边，并用真丝薄纱作为里布与面料绗缝在一起，绗缝线间距为4cm。上装的绗缝线间距为4.5cm。由于经过修改，整个裙子状态不佳。裙子没有商标，配套上衣的编码为24313。

羊毛格子

20. 该裙是20世纪50年代后期香奈儿回归时期的式样，用羊毛面料制作。面料的条纹图案使腰身看起来很纤细。裙子的侧缝被省道替代。为了加放腰围，腰身加入一块方形本身料。裙子后身有两根拉链，这样既可以便于穿脱，又可以将拉链遮盖在上装下摆下。后中片部位有真丝衬布定型。裙子没有商标，配套上衣的编码为11705。

作者用本书介绍的工艺完成了这款灰褐色粗花呢真丝全里裙子。制作中，作者将省道转为抽缩余量缝入腰身。这样可以使该裙穿着更舒适随意，成为一款理想的百搭裙